PETITE BIBLIOTHÈQUE SCIENTIFIQUE

LE 15ME DÉLUGE

OU QUARANTE MILLE

SQUELETTES HUMAINS ANTÉDILUVIENS

EN EUROPE

(Défi aux Savants d'oser dire le contraire)

BOITARD

ET SA THÉORIE DES RÉVOLUTIONS DU GLOBE

PAR F.-L. PASSARD

PARIS

PASSARD, LIBRAIRE-ÉDITEUR

7, RUE DES GRANDS-AUGUSTINS, 7

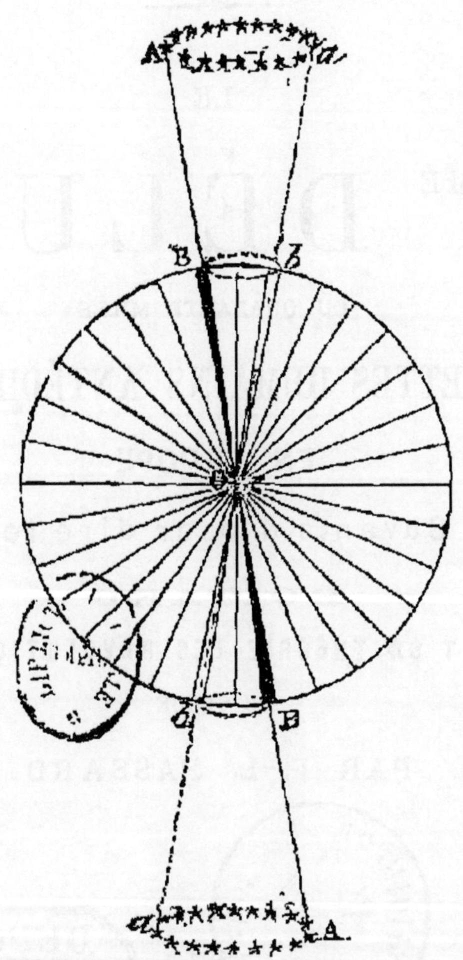

Balancement de la Terre produisant les Révolutions du Globe.

A Cercles polaires célestes.
B Cercles polaires terrestres.
C Centre ou base du mouvement de balancement.

a Limites ou extrémités des cercles polaires celestes.
b Limites ou extrémités des cercles polaires terrestres.

VOIR BOITARD ET SA THEORIE, ET NOTAMMENT LES PAGES 79 ET SUIVANTES.

PETITE BIBLIOTHÈQUE SCIENTIFIQUE

LE

15ME DÉLUGE

OU QUARANTE MILLE

SQUELETTES HUMAINS ANTÉDILUVIENS

EN EUROPE

(Défi aux Savants d'oser dire le contraire)

BOITARD

ET SA THÉORIE DES REVOLUTIONS

DU GLOBE

PAR F.-L. PASSARD

PARIS

PASSARD, LIBRAIRE-ÉDITEUR

7, RUE DES GRANDS-AUGUSTINS, 7

1867

LE QUINZIÈME DÉLUGE

DIALOGUE

ENTRE UN GÉOLOGUE ET L'AUTEUR DE CET OUVRAGE

A PROPOS

DES QUARANTE MILLE SQUELETTES FOSSILES HUMAINS

ANNONCÉS DANS LE PROSPECTUS DE

L'UNIVERS AVANT LES HOMMES

COMME DEVANT EXISTER EN EUROPE

LE GÉOLOGUE. — Vous avez annoncé dans le prospectus de l'*Univers avant l'homme*, par Boitard, que vous indiqueriez une contrée en Europe où, s'ils se sont conservés, on trouverait peut-être plus de quarante mille squelettes humains antédiluviens (1). Comment vous y prendrez-vous pour remplir votre promesse ?

L'AUTEUR. — Que cela ne vous inquiète pas. Je ne serai pas si embarrassé pour prouver ce que j'ai avancé que vous le seriez vous-même pour prouver le contraire. Voulez-vous essayer?

(1) Si j'emploie ici le mot *antédiluvien*, c'est pour me servir d'une expression consacrée, la science n'ayant, comme expression de la même idée, créé que le mot fossile, qui, tout en ayant la même synonymie, est cependant moins précis, j'ai dû faire usage de celui-ci,

LE GÉOLOGUE. — Je le veux bien. Quand voulez-vous commencer?

L'AUTEUR. — Mais, tout de suite. Pourriez-vous d'abord me dire ce que vous entendez vous-même par fossile?

LE GÉOLOGUE. — J'entends par fossile un animal, une plante ou un objet quelconque qui a existé antérieurement au déluge : de là les noms de fossile ou d'antédiluvien que l'on donne à ceux qu'on trouve dans l'intérieur des couches de l'écorce du globe.

L'AUTEUR. — De sorte qu'antédiluvien ou fossile (1) sont parfaitement synonymes, et signifient exactement la même chose.

LE GÉOLOGUE. — Exactement.

L'AUTEUR. — Mais qu'entendez-vous par « *le déluge?* »

LE GÉOLOGUE. — Ceci a besoin d'explication : ce sont « *les déluges* » qu'il faudrait dire; car si, pendant longtemps, les géologues ont cru à un seul, en présence des couches régulièrement superposées les unes sur les autres à la partie supérieure du globe, ils en ont conclu depuis qu'il y en avait eu plusieurs, et en ont compté jusqu'à quatorze (2).

(1) *Fossile* venant de *fossa*, qui signifie *fosse*, et les mineurs de Saint-Étienne ainsi que ceux d'autres pays disant en retirant un objet quelconque d'une mine: *Nous avons retiré ceci de la fosse*, si je voulais jouer sur les mots et prendre celui-ci au pied de la lettre, je pourrais dire que tout objet que l'on retire d'une fosse, n'y fut-il que de la veille, est fossile, mais ce n'est pas de ces fossiles pour rire dont je veux parler, comme on va le voir par le présent dialogue, mais de fossiles vraiment antédiluviens, c'est-à-dire antérieurs à une invasion naturelle de la mer. Je n'ai pas cru non plus devoir m'appesantir sur ce mot par une longue dissertation; j'ai préféré faire parler un géologue et lui faire définir le mot *antédiluvien*, qui est synonyme de *fossile* et qui prête moins à équivoque.

(2) Victor Meunier a dit :

« .... Cuvier pensait que les pays aujourd'hui habités ont

L'AUTEUR. — Quoique le nombre soit déjà fort raisonnable, êtes-vous bien sûr qu'il n'y en ait eu que quatorze, ni plus ni moins ?

LE GÉOLOGUE. — J'en suis convaincu, mais non certain. D'ailleurs, un de plus ou de moins, pendant que nous y sommes, cela ne fera rien à la chose.

L'AUTEUR. — Croyez-vous à celui qu'Adhémar nous annonce comme devant avoir lieu dans une période de six mille trois cents ans ?

LE GÉOLOGUE. — Je n'ai pas plus de raison pour y croire que je n'en ai pour n'y pas croire ; mais je pense que, puisque déjà il y en a bien eu quatorze, il peut bien y en avoir un quinzième.

L'AUTEUR. — Savez-vous comment se sont produits ces déluges ?

LE GÉOLOGUE. — Très-certainement ; ils se sont produits par des cataclysmes, c'est-à-dire des débordements ou déplacements subits de la mer, qui a soudainement envahi des contrées précédemment à sec.

L'AUTEUR. — Ainsi, un pays aujourd'hui à sec comme le nôtre, et qui demain serait subitement envahi et couvert par un débordement de la mer, serait après-demain antédiluvien, avec tout ce qu'il renfermerait au moment du cataclysme, comme Paris, Lyon, le Languedoc, la Gascogne, etc., ainsi que leurs habitants, par exemple ?

subi jusqu'à deux et trois irruptions de la mer. Un géologue belge, M. Le Hon, donne la chronologie d'une douzaine de déluges survenus pendant la seule période tertiaire. Alcide d'Orbigny comptait vingt-sept cataclysmes généraux. M. Adhémar, qui vient de mourir sans bruit comme il a vécu, regardait ces grandes catastrophes comme soumises à une loi de périodicité. »

Comme on le voit, en m'en tenant au chiffre 14 pour le nombre des déluges admis par les géologues, je n'exagère pas.

LE GÉOLOGUE. — Sans aucun doute ; cela est même incontestable, puisque les uns et les autres auraient existé *antérieurement* a ce *deluge*, et n'existeraient plus; ils seraient *antediluviens*, et comme les géologues prétendent même maintenant que le déluge n'a pas été universel, mais qu'il y a seulement eu des déluges partiels, un déluge du genre de celui-ci serait un déluge partiel.

L'AUTEUR. — En ce cas, tout va donc pour le mieux dans le meilleur des mondes. Ouvrez maintenant le *Siecle* du 10 août 1862 : et voici ce que, dans un article signe OCTAVE GIRAUD, vous y lirez :

« Le golfe de Gascogne est une vaste nécropole; on navigue sur des ruines. L'antique *Noviomagus*, qui fut englontie par la mer en l'an 580, est couchée en débris sous l'immense nappe d'eau. Malgré les tempêtes furieuses, les restes de cette grande ville n'ont pas été completement dispersés. Encore aujourd'hui, entre le vieux Soulac, et la tour de Cordouan, les pilotes aperçoivent, quand l'Océan est calme, des pierres et des pans de muraille écroulés. Les lieux ou le poëte Ausonne se livrait aux douceurs de la pêche et de la littérature sont a présent sous les flots. Sous ces flots se trouve aussi un temple consacré à Jupiter, qui n'existe que dans la tradition.

» De tous ces anciens rivages, de tous ces vieux monuments, il ne reste plus que le rocher de Cordouan, sur lequel s'élève l'admirable phare à éclipses connu de tous les navigateurs. Ce rocher, autrefois contigu au rivage de Soulac, en est séparé maintenant par trois lieues environ. Il a fallu que l'Océan fît des progrés bien rapides sur les terres du Bas-Médoc.

» La rapidité de l'envahissement des eaux depuis 1818 jusqu'en 1845 est établie par des chiffres précis.

C'est une période de vingt-sept ans seulement, et nous allons voir quel progrès effrayant! De 1818 à 1830, en douze ans, la mer a gagné 180 mètres de terrain : 15 mètres par année. De 1830 à 1842, l'envahissement est de 350 mètres : 29 mètres par année. Enfin, de 1842 à 1845, en trois ans, la mer gagne 105 mètres : 35 mètres par année. Ces chiffres sont exacts et tirés des archives des ponts et chaussées (1).

» Le bas Médoc était menacé de devenir la conquête de l'Océan. Le gouvernement, depuis de lon-

(1) Dans son *Voyage dans les landes de Gascogne*, Paris, 1840, le baron de Mortemart-Boisse est aussi d'avis que le golfe de Gascogne est une ancienne terre submergée. Il dit, page 118, en parlant du cap Feret, situé à l'entrée du bassin d'Arcachon : « Ce cap Feret, débris probable d'une terre très étendue qui se prolongeait vers l'ouest et que l'Océan a détruite, offre de l'intérêt ; on y a observé, entre autres choses, le mouvement de la mer qui roule sa vague sur une chaîne de montagnes sous-marines qui part de Cordouan et finit au cap Macacha, en Galice. »

On lit encore page 16 du même volume :

« Le MATOC (près le cap Feret), point imperceptible *qui va disparaître*, était, en 1762, une terre assez étendue, qui avait été concédée à une femme de qualité de la cour de Louis XV. »

On me dit aussi (je ne garantis rien à ce sujet) que, sur les côtes de Normandie, du côté de Coutances, près du village de Régneville, existait une ville qui est présentement sous les flots, et qui était, au moyen âge le centre d'un commerce considérable. On me dit également que du voisinage de cette ville, lorsque l'Océan est calme et qu'on dirige ses regards du côté de l'Angleterre, on aperçoit comme une chaîne de montagnes sous-marines qu'on suppose avoir appartenu à une terre aujourd'hui submergée et dont Jersey et Guernesey auraient été les points culminants et seraient les débris.

Je suis sur la voie de découvertes de renseignements du même genre sur plusieurs parties du littoral de la France.

Si je ne me trompe, le mont Saint-Michel était autrefois contigu au rivage.

gues années, a entrepris des travaux d'endiguement à la pointe de Grave. La jetée établie pour dompter la fureur des courants est formée en grande partie de rochers artificiels d'une dimension de 3 a 4 mètres cubes (1). »

Avez-vous compris ?

LE GÉOLOGUE.— Sans doute ; mais je ne vois pas bien où vous voulez en venir.

L'AUTEUR. — Vous n'avez pas l'esprit délié. Ce n'est cependant pas difficile. N'êtes-vous pas convenu tout à l'heure que si la Gascogne, entre autres, était subitement envahie par la mer, elle serait antédiluvienne ?

LE GÉOLOGUE. — Sans doute.

L'AUTEUR. — Ne comprenez-vous donc pas qu'il y en a déja une partie ? que *Noviomagus* est sous les flots ? que c'est par conséquent une ville *antédiluvienne* depuis l'an 580 ; que nous avons la ce que vous appelez un déluge partiel, et que l'effroyable cataclysme qui fait si bien les délices des savants n'y fait pas même défaut ?

LE GÉOLOGUE. — C'est parfaitement vrai.

L'AUTEUR. — Que cette ville, que l'on qualifie de grande, devait avoir un cimetière ?

LE GÉOLOGUE. — Certainement.

(1) L'endiguement en question ne pourra apporter qu'un temps d'arret à l'envahissement de la mer, mais celle-ci, reprenant un jour la marche que Dieu lui a imprimee, brisera les obstacles qu'on lui oppose et reprendra en un instant la proie qu'on lui derobe dans ce moment.

On lit dans le *Siecle* du 22 avril 1833 :

« La *Patrie* annonce que le conseil d'Etat vient d'être saisi de l'examen d'un projet de decret qui ordonne l'achevement des travaux entrepris depuis dix ans, en vertu d'un precedent decret du 15 janvier 1852, pour proteger la pointe de Grave contre les attaques de la mer. »

L'AUTEUR. — Que les squelettes qu'il renfermait au moment de l'invasion de la mer pouvaient s'élever, tant pour la ville que pour les contrées environnantes, au nombre de quarante mille, et qu'ils sont aussi *antédiluviens?* Que si, selon M. J. Delanoue, à Saint-Acheul, les vestiges humains sont dans le bas *diluvium,* on peut dire que, dans le cimetière de *Noviomagus,* ils sont sous le *diluvium* même (1)?

(1) *De l'ancienneté de l'espèce humaine.* — On ne doute plus aujourd'hui de la complète disparition de beaucoup d'espèces animales depuis l'arrivée de l'homme, et même depuis les temps historiques. La présence des vestiges de l'homme dans les grottes et les vallées, avec ceux de certaines races perdues, ne suffirait donc pas, à elle seule, pour préciser l'époque de l'avènement de l'homme sur la terre. Mais la situation stratigraphique de ces vestiges humains trouvés à Saint-Acheul et autres localités semblables, prévient et lève toute objection. On n'a pas là, comme dans les tourbières, une masse élastique et perméable, ni, comme dans les vallées, un sol envahi par des inondations fluviatiles ou les alluvions pluviales des coteaux ; ni, comme dans les grottes et les brèches osseuses, des gouffres béants servant depuis leur origine d'asile et de tombeau à tant d'êtres divers. A Saint-Acheul, cela est évident, les vestiges humains et toute la faune adjacente sont dans le bas diluvium, et par conséquent antérieurs à tous les dépôts subséquents : gravier lacustre, diluvium rougeâtre, loess et terrain moderne. Nul géologue ne peut contester là que tous les dépôts ne soient intacts et que les roches de pierre qu'on y rencontre ne soient bien réellement en place.

Il n'y a donc plus de doute possible : l'homme a été évidemment le compatriote et le contemporain des monstrueux pachydermes et de toute la faune des dépôts quaternaires. Son avènement est donc nécessairement antérieur à cet ancien cataclysme diluvien qui a enseveli, comme pour nous les conserver, ces débris si curieux de la plus ancienne et probablement de la *plus petite de nos races,* de ce premier âge enfin de l'humanité : *l'âge de la pierre ébauchée.*

Spectacle bizarre ! les fossiles les plus précieux pour nous seraient évidemment les fossiles humains, et c'est d'hier seulement qu'on commence à s'apercevoir qu'il existe par mil-

LE GÉOLOGUE. — Tout cela est exactement vrai, et je suis forcé de reconnaître que, comme vous me l'avez annoncé, il vous a été plus facile de prouver ce que vous aviez avancé que je ne pourrais moi-même le réfuter.

liers des preuves de leur existence. Ces preuves surgissent partout, et l'homme vraiment fossile n'est encore apparu nulle part. Mais l'attention est éveillée, surexcitée, et l'on ne peut tarder à retrouver les titres si longtemps perdus de l'antiquité de l'espèce humaine.

(Rapport de M. J. Delanoue à M. le ministre de l'instruction publique.)

Nota. Je n'entends pas dire que les fossiles de *Noviomagus* aient la même antiquité que ceux de Saint-Acheul J'ai voulu seulement constater, en confirmation de la théorie de Boitard, que si, à Saint-Acheul, les fossiles sont dans le bas diluvium, à *Noviomagus* et *au delà*, ils sont *sous le diluvium* même, et par conséquent *antédiluviens*, et pas autre chose. Je le dis ici, afin d'éviter à la critique de faire des observations plus que maladroites à ce sujet.

Toutefois, qu'on remarque bien aussi que je dis plus loin qu'au delà de Noviomagus on en trouverait d'aussi anciens et même de plus anciens qu'à Saint-Acheul.

Voici maintenant ce que dit G. Sand dans la *Revue des Deux Mondes* du 1er août 1860, p. 514 :

« Les sommets des Cévennes sont souvent chargés de vapeurs glaciales, et quand le vent les balaye, la pluie se rabat sur les bassins. Dans la saison où nous sommes, c'est un éternel caprice, des combinaisons de nuées fantastiques, des éclipses subites de soleil, et puis des clartés d'une limpidité froide, qui ramènent la pensée à ces rêves de la première enfance de notre monde, *quand la lumière fut*, c'est-à-dire quand l'atmosphère terrestre, dégagée de ses tourments, laissa percer les rayons du soleil sur la jeune planète éblouie. L'homme existait-il alors ? Hypothèses !... Mais il existait déjà à l'époque où ces terribles laves qui m'environnent (les volcans d'Auvergne) ont envahi et bouleversé le sol. On a retrouvé des ossements humains à l'état fossile au pied d'une montagne voisine, sous les basaltes et les scories, dans une brèche compacte, — les restes d'un vieillard et d'un enfant. L'homme a donc vu ces grands drames de la

L'AUTEUR. — Voulez-vous que je vous indique une autre ville qui s'apprête à faire, comme l'a fait autrefois *Noviomagus*, le grand voyage de l'éternité, et qui, dans ce moment, fait ses préparatifs de départ, plie ses bagages et n'aura peut-être pas même le temps de vous dire adieu, tant ce départ pourra être précipité?

LE GÉOLOGUE. — Laquelle donc? Vous piquez vivement ma curiosité, je dirai même que vous m'effrayez.

L'AUTEUR. — Ouvrez encore le *Siècle* du 13 septembre 1861, et vous le saurez, car voici ce que vous y lirez :

« Un journal hollandais constate que les rues d'Amsterdam continuent à s'affaisser et en partie à s'écrouler. Des *hommes compétents* en attribuent la cause à ce que les fondements sont emportés par l'eau. On *appréhende sérieusement*, dit l'*Echo agricole*, que la prédiction de feu le docteur Wisemann, qu'un jour Amsterdam serait de nouveau engloutie, ne commence à se réaliser. »

Est-ce clair?

LE GÉOLOGUE. — Très-clair; mais je crains que ce ne soit pas aussi clair pour tout le monde que pour moi. Ne pensez-vous pas vous-même qu'on pourra trouver vos antédiluviens bien jeunes?

nature dont la tradition était si bien perdue, qu'il a fallu l'arrêt de la science moderne pour les restituer à l'histoire du globe sur ce point de la France. Chose plus étonnante encore! dans la même couche du sol où l'on retrouve des ossements humains, on trouve ceux des animaux réfugiés aujourd'hui sous les latitudes ardentes. Les tigres, les éléphants, auraient donc été ici les contemporains de l'homme. »

N'ayant ni le temps ni l'intention de commenter ces fragments, je les donne seulement à titre de renseignements, laissant aux lecteurs le soin d'en tirer chacun les déductions qu'il leur plaira.

L'AUTEUR.—Il ne faut pas nous amuser à épiloguer ; je n'en ai pas le temps. J'ai annoncé que j'indiquerais une contrée en Europe ou, s'ils se sont conservés, on trouverait peut-être plus de quarante mille squelettes humains antédiluviens, mais je n'ai pas dit quel âge ils auraient. Ai-je rempli ma promesse ?

LE GÉOLOGUE. — Très-bien ; mais j'en reviens à mon dire, qu'on pourra trouver vos fossiles bien jeunes.

L'AUTEUR. — Je vois bien que vous n'êtes pas de Châteaudun, car vous n'entendez pas a demi-mot, puisque vous ne paraissez pas vous douter que le golfe de Gascogne n'est pas limité à la place qu'occupait autrefois *Noviomagus*, mais qu'il s'étend beaucoup plus loin, et que, par conséquent, beaucoup plus loin aussi il y a des fossiles beaucoup plus anciens que ceux de *Noviomagus* (1).

LE GÉOLOGUE. — Qui a dit cela ?

L'AUTEUR. — Le *Siecle* ; c'est par là que débute le passage que je vous ai cité. *Le golfe de Gascogne est une vaste nécropole* (2), etc. Et si le golfe de Gascogne

(1) On lit dans la *Revue des Deux Mondes*, du 1er août 1869, pages 641-642 :

« En calculant l'ancienneté du corps de l'Indien trouvé dans le sol à une tres-grande profondeur au-dessous de l'usine à gaz de la Nouvelle-Orleans, on a prouvé que les forêts superposées l'une au-dessus de l'autre dans le sol ont du se succéder pendant 57,000 ans au moins, depuis la mort de ce sauvage. »

Nota. — Je ne cite ce passage que comme renseignement, sans avoir grande confiance dans l'ancienneté que l'on attribue à ce squelette, les géologues n'etant pas d'accord sur l'âge du delta du Mississipi auquel, dans la page 641 même que je viens de citer on attribue, d'apres Lyell, une origine remontant à 100 500 annees, et d'apres Ellet à 22,222 ans.

De sorte que je suppose qu'il est prudent d'attendre avant de se prononcer à ce sujet.

(2) Vaste sépulture, vaste tombeau.

n'était pas suffisant pour vous satisfaire, vous et les plus difficiles, je vous dirais à tous: Pénétrez plus avant dans la mer, sondez-en les profondeurs, marchez toujours ainsi devant vous, jusqu'à ce que vous soyez parvenus aux rivages de l'Amérique, et vous en rencontrerez de plus anciens encore sur votre route.

LE GÉOLOGUE. — Mais le *Siècle* connaît donc tout?

L'AUTEUR. — Non, le *Siècle* ne connaît pas tout; qui est-ce qui connaît tout dans ce monde? c'est même précisément pour cela et parce qu'il n'a pas non plus, dans cette circonstance, la prétention de faire de la science géologique, mais seulement de constater un fait authentique, que son autorité est d'un poids d'autant plus grand.

LE GÉOLOGUE. — Sur quelles autres autorités vous appuyez-vous encore pour soutenir une pareille thèse?

L'AUTEUR. — Sur trois autres d'une grande valeur et d'un grand poids : la réflexion, le bon sens et la raison.

LE GÉOLOGUE. — Je conviens que celles-ci sont d'une grande valeur; mais n'en avez-vous pas d'autres?

L'AUTEUR. — Mon cher géologue, vous devenez fatigant. Si celles-ci ne sont pas encore suffisantes, ouvrez le *Magasin pittoresque* de mai 1862, et voici ce que, page 170, vous y lirez :

« Les mers ont dû recouvrir toutes les œuvres des premiers hommes, et gardent peut-être dans leurs abîmes les secrets du passé (1). »

LE GÉOLOGUE. — Ne pensez-vous pas que les savants pourront vous dire qu'il n'est pas facile d'aller en faire la vérification?

(1) Voir *la Scandinavie et les Alpes*, Genève et Paris, 1826, 2e partie, page 34.

L'AUTEUR. — Au contraire, je pense qu'il y en aura bien d'assez maladroits pour cela ; mais ma réponse est toute prête. Je leur demanderai s'ils pensent qu'il serait plus facile d'aller dans l'intérieur du globe vérifier leur feu central, dont ils prétendent imposer la singulière croyance au public. Je leur demanderai encore s'ils ont des balances et un point d'appui à me donner pour vérifier le poids des planètes et m'assurer s'il est bien vrai qu'il y en a de plus pesantes les unes que les autres.

LE GÉOLOGUE. — Mais c'est par induction et à cause des volcans que les savants prétendent qu'il existe un feu central. Quant aux planètes, je suppose que c'est en comparant leur volume à celui de la terre qu'ils tirent la déduction de leur pesanteur.

L'AUTEUR. — C'est aussi par induction que je vous dis qu'il y a des squelettes antédiluviens sous la mer. C'est parce qu'il y en a à Noviomagus que j'en tire cette déduction qu'il y en a plus loin, il y a, comme le dit Anatole de la Forge, des idées qu'on ne cherche pas une lanterne à la main.

D'ailleurs, soyez persuadé qu'on ne sera pas tenté de combattre la mienne; on craindrait trop de prouver que, si on n'a pas assez d'intelligence pour la comprendre avec l'explication que j'en donne, on en eut encore moins eu pour la concevoir.

Quant aux planètes, avant de juger du poids des autres par la nôtre, il faudrait d'abord que les savants fussent bien certains si cette dernière est pleine ou vide. Or, comme ils n'en savent rien ou ne sont pas d'accord a ce sujet, quelle confiance voulez-vous que j'aie en eux pour le poids des autres?

LE GÉOLOGUE. — Je comprends, en effet, que celle que vous pouvez avoir ne peut pas être bien grande.

L'AUTEUR. — Voulez-vous maintenant, sur le déplacement des mers, connaître l'opinion de Cuvier?

LE GÉOLOGUE. — Tres-volontiers. Je l'ai lue autrefois, mais je ne m'en souviens plus, et comme, jusqu'a ce moment, vous ne m'avez donné l'opinion d'aucun naturaliste, je ne serai pas fâché de me rappeler la sienne.

L'AUTEUR. — Ouvrez son discours sur les révolutions du globe, édition de 1830, page 290, ou mon édition, voici ce que vous y lirez : « Je pense donc, avec MM. Deluc et Dolomieu, que, s'il y a quelque chose de constaté en géologie, c'est que la surface de notre globe a été victime d'une grande et subite révolution, dont la date ne peut remonter au delà de cinq ou six mille ans; que cette révolution a enfoncé et fait disparaître *les pays qu'habitaient auparavant les hommes* (1) et les espèces des animaux aujourd'hui les plus connus; qu'elle a au contraire mis a sec le fond de la dernière mer, et en a formé les pays aujourd'hui habités. »

LE GÉOLOGUE. — Est-ce que vous croyez à cette grande et subite révolution du globe datant de cinq ou six mille ans, dont parle ici Cuvier?

L'AUTEUR. — Je ne crois a rien de ce genre; je vous dirai pourquoi dans un moment. Je ne vous ai cité Cuvier que pour constater qu'il reconnaît bien que les mers ne sont plus ou elles étaient : or, si elles ne sont plus où elles étaient, c'est que probablement

(1) Page 43 de l'*Angleterre avant les hommes*, on peut voir que Lyell croit à l'ancienne Atlantide de Platon.

On peut voir aussi ce que dit le baron de Mortemart-Boisse page 9 de ce dialogue, à propos du cap Feret.

Qu'il ait porte le nom d'Atlandide ou non, je partage entièrement l'opinion qu'il y a sous l'Atlantique un continent autrefois habite par les hommes, et maintenant submergé. L'Amérique est emergée et l'Atlantide submergée. Voir à la fin de ce volume la notice sur l'Atlantide.

elles sont où elles n'étaient pas. Est-ce naïf, clair, précis et concluant ?

LE GÉOLOGUE. — Très-concluant ; c'est même sans réplique.

L'AUTEUR. — Je vous ai encore cité Cuvier pour vous démontrer qu'il constate que les mers recouvrent les terres autrefois habitées par les hommes, ce qui prouve qu'il croyait à l'existance d'hommes antédiluviens ; est-ce encore concluant ?

LE GÉOLOGUE. — On ne peut plus concluant.

L'AUTEUR. — Alors, vous reconnaissez avec moi que, même d'après Cuvier, on peut dire que les hommes qui sont sous la mer sont antédiluviens, et que leur nombre peut s'élever à quarante mille.

LE GÉOLOGUE. — Si vous disiez quarante millions, vous seriez moins éloigné de la vérité.

L'AUTEUR. — Vous m'avez fait observer que Cuvier dit que c'est par un cataclysme que les mers se sont déplacées ; voulez-vous que je vous montre que Buffon pensait le contraire, si nous devons en croire Alphonse Rabbe, qui dit, page 157, tome Ier, première partie de sa *Géographie de l'empire de Russie* : « Buffon explique tout par le mouvement lent et imperceptible, mais constant et régulier, des mers d'Orient en Occident (1). » Lisez plutôt vous-même, voici le volume ouvert.

LE GÉOLOGUE. — C'est exactement vrai. Cependant j'ai lu Buffon autrefois, mais je ne me souvenais pas

(1) L'Ecole anglaise accuse Cuvier d'avoir méconnu l'action des causes infiniment faibles, mais infiniment répétées (l'*Angleterre avant les hommes*, par Alph. Esquiros, page 46) ;

« La Création ne recommence pas, elle continue. » (*Id.*, *ib.*, page 47.)

« Le déluge d'eau, de neige et de glace, qui submergea une partie de l'Angleterre ne fut pas un déluge de quarante jours, ce fut une époque. » (*Ib.*, *id.*, page 56.)

que telle fût son opinion sur le retrait des eaux : c'est à n'en pas croire ses yeux. Comment se fait-il donc que Cuvier (1) n'ait pas tenu compte d'une semblable observation?

L'AUTEUR. — Comment! comment! c'est ce que je me demanderais aussi moi-même si je n'avais entendu dire à Boitard que... Je vous dirai cela plus tard. Mais tous ces renseignements suffisent-ils pour vous convaincre, ou faut-il encore vous en donner d'autres ?

LE GÉOLOGUE. — Donnez toujours ; si vous en avez, j'en suis avide.

L'AUTEUR. — Ouvrez le *Voyage à la Guyane*, par Malouet, ancien ministre de la marine, et voici ce que, page 10 de l'édition in-32 (1853), vous y lirez :

« En sortant de la Praia, nous portâmes au sud-ouest et passâmes la ligne, pour chercher cette côte, dont les courants, portant du sud au nord, feraient manquer Cayenne si on ne venait reconnaître le cap Nord. A plus de cent milles de la terre, on est averti de son approche par un phénomène qui lui est propre. C'est la rivière des Amazones, qui, à cette distance de son embouchure, vient rouler ses eaux limoneuses au milieu de l'Océan, et en coupe l'azur par une nappe blanche qui paraît a l'horizon. Préparé a ce changement de couleur, le capitaine nous annonça notre position . nous étions dans les eaux du plus grand fleuve du globe. Nous trouvâmes le fond à soixante brasses, et nous naviguâmes encore quarante heures avant d'apercevoir le cap d'Orange, la seule haute montagne de ce continent. Mais voici

(1) On peut voir dans la note insérée page 8 de ce volume, que la mer ne va pas seulement d'orient en occident et d'occident en orient, mais aussi du sud au nord et du nord au sud.

un autre prodige! A mesure que nous avancions, la mer était couverte de bois; nous en étions environnés : c'étaient, à perte de vue, des trains de bois flotté que les courants et la marée portaient et rapportaient dans différentes directions. Combien mon ignorance et ma curiosité amusaient les marins pratiques de cette côte! Rien de tout cela ne les étonnait; ce spectacle, nouveau pour moi, s'était répété plusieurs fois pour eux. Ils m'apprirent que les bords de la mer, depuis l'Amazone jusqu'à l'Orénoque, étaient couverts de forêts qui paraissaient et disparaissaient comme par enchantement. Les observations bien incomplètes des naturalistes ne nous donnent point encore d'explication satisfaisante de ce mouvement extraordinaire des eaux et des bois. On sait seulement que les courants déposent sur la vase une multitude de graines qui produisent en moins de dix années de hautes futaies d'un aspect ravissant. Là, ce sont de longues et superbes avenues parallèles au rivage, à la suite desquelles on attend un château; ici, on voit un massif de plusieurs arpents d'arbres magnifiques qui se présentent au milieu des eaux comme une armée navale en bataille; plus loin, la forêt se dessine en festons, en s'enfonçant dans le continent. Vient ensuite une plage nue, couverte d'arbres morts, entassés par millions et flottant avec la marée qui les porte en pleine mer. Ainsi, à côté de ces vivantes productions de la riche nature, paraissent de vastes catacombes. L'œil embrasse à la fois les merveilles de la vie et de la mort. Habitants du même sol, comment ces arbres contemporains ont-ils un sort si différent? Les uns conservent toute la vigueur de la jeunesse, tandis que les autres, frappés subitement de paralysie, périssent tous ensemble. Ce prodige s'explique par un autre qui reste inexplicable. Le *paletuvier* germe, croît et s'élève jusqu'à cinquante pieds de tige sur la vase, *dans l'eau salee;* si la mer se retire, les racines se dessèchent, se détachent de la vase, et l'arbre en équilibre cede au courant d'air qui l'agite; s'il survient un coup de vent, c'est un espace immense de forêt renversée en un clin d'œil : voilà ce qui s'offre a la vue; mais le raisonnement s'égare sur les causes inaperçues de cette retraite de la mer et de son retour sur la même plage a de longs intervalles. *On pourrait croire qu'un mouvement lent et retrograde des eaux laisse a decouvert de nouvelles terres;* mais ce que la mer perd ainsi dans le Nouveau Monde, elle devrait le reconquérir dans l'Ancien, et l'on remarque plutôt en Europe la décroissance des eaux que leur invasion (1). »

LE GÉOLOGUE. — Suis-je bien éveillé? n'est-ce pas un rêve que je fais? est-ce que je reviens d'un monde inconnu?

L'AUTEUR. — Vous voyez que réellement la mer se retire lentement; on nous le dit ici d'une manière assez précise. Voulez-vous maintenant que je vous montre que, contrairement a l'opinion de Malouet, elle mine, au moins en partie, certaines côtes de l'Europe, sans compter celles de Gascogne, dont je vous ai déja entretenu?

LE GÉOLOGUE. — Volontiers.

L'AUTEUR. — Lisons d'abord cette lettre manuscrite qu'on m'a envoyée du Havre, où je l'avais demandée, ayant appris qu'aux environs de cette ville existait un village englouti par la mer. Voici ce qu'elle contient :

(1) On peut encore consulter sur les atterrissements des fleuves la *Revue des Deux Mondes* du 1er aout 1859, dans laquelle se trouve un article intéressant sur le Delta du Mississipi.

« — Des documents du onzième siècle établissent qu'une église placée sous le patronage de saint Denis s'élevait alors au lieu même où gît maintenant, en face de Sainte-Adresse, à 2,000 metres (deux milles) du rivage, le banc de l'Eclat, qui sert de limite extérieure à la petite rade du Havre. La rade elle-même s'est creusée à 8 mètres au-dessous du niveau de la basse mer, dans les terres dont l'église occupait l'extrémité.

» Tandis qu'il s'élevait un nouveau terrain dans le lit de la rivière, l'impétuosité de la mer en ruinait un autre à Saint-Denis-Chef-de-Caux, qui n'est éloigné du Havre que d'une demi-lieue, au nord-ouest de l'embouchure de la Seine. Par diverses inondations, les vagues de la mer ont tellement dégradé les terres, qu'elles ont enfin englouti une bonne partie de cette paroisse avec son église. Du onzieme au quatorzième siècle, le Chef-de-Caux avait dû subir de nombreux retranchements; mais la grande et dernière catastrophe qui emporta la destruction de l'église, et qui ouvrit complétement la passe entre le banc de l'Eclat et la Hève, est de 1378.

» Bien que, depuis plus de deux cents ans, la mer ne laisse jamais à découvert, même dans les plus grandes marées, le lieu où s'élevait au moyen âge l'église de Saint-Denis, la tradition locale en a toujours gardé la mémoire et retenu la place; on prétend que, par le beau temps et une mer calme et transparente, on peut encore, avec une embarcation, aller en contempler les assises à quelques pieds sous l'eau (1). »

Ouvrons maintenant la *Revue contemporaine* du 31 mars 1861, et voici ce qu'entre tant d'autres choses

(1) Ce passage indique qu'après s'être retirée d'orient en occident, la mer revient d'occident en orient.

intéressantes relatives au sujet qui nous occupe, nous y lirons, dans un article signé Maurice Cristal : « Aux environs de la Rochelle, où le flot envahit le rivage, là surtout les ravages de la mer ont été formidables · *la ville de Chatelaillon a été emportée morceau par morceau dans les flots* (1). »

LE GÉOLOGUE. — Tous ces arguments sont péremptoires et non discutables. Je suppose que c'est tout ce que vous avez à me dire.

L'AUTEUR. — Du tout : vous m'avez attaqué, et je ne vous tiens pas quitte à si bon marché. Cependant ce ne sera pas long maintenant. Tenez, lisons ensemble ce passage de l'ouvrage intitulé *Scotia*, par Frédéric Mercey. Paris, 1842, tome Ier, page 32 :

« La côte d'Arbroath ou Aberbrotock, où l'on voit les ruines d'une abbaye que fonda Guillaume le Lion, en mémoire du martyre de Thomas Becket, dans l'année 1178, est une des plus singulières parties du littoral de l'Ecosse, vers le nord-est. Cette côte est formée tout entière de rochers de grès rouge qui sortent abruptement du sein des flots et s'élèvent quelquefois à une grande hauteur. Ces rochers, comme toutes les formations de grès, présentent des parties tendres et friables et des parties plus solides et mieux liées. Les vagues furieuses de la mer du Nord, qui, depuis tant de siècles, battent le pied de ces rochers, ont miné les parties molles, et laissé intactes et debout les parties solides et résistantes. Cette côte, rongée inégalement, est donc remplie d'énormes crevasses, qui s'allongent fort avant dans les terres,

(1) L'espace me manque pour donner le complément de ce passage, cependant bien intéressant à connaître. M Cristal dit, dans cette même page, avoir, *à quelques années de distance*, visité les côtes de Normandie et ne plus les avoir retrouvées les mêmes.

quelquefois même sous les terres, formant de longues galeries naturelles, de monstrueuses cavernes, des baies souterraines, où viennent mourir les vagues de l'Océan avec de sourds mugissements. Le paysan de la côte, qui laboure son champ quand la mer est orageuse, est étonné d'entendre la tempête gronder sous ses pieds, et, craignant de voir la terre s'entr'ouvrir et l'engloutir avec ses chevaux et sa charrue, laisse avec terreur tout ouvrage commencé.

La plus vaste et la plus pittoresque de ces étranges cavernes s'appelle *Geylet-Pot*. Monté sur un petit canot, le voyageur peut la parcourir dans toute son étendue et faire, a la lueur des torches, une longue navigation souterraine : tantôt les rochers s'élèvent à une grande hauteur au-dessus de sa tête, formant des voûtes bizarres, d'ou pendent de grossières aiguilles, comme dans les cryptes des cathédrales gothiques; tantôt les rochers se rapprochent, la noire galerie se resserre et ne laisse qu'une étroite ouverture où le canot a peine à glisser. Tout a coup, après avoir longtemps navigué sur ces lacs ténébreux, on aperçoit, a travers une ouverture du rocher, le tableau étincelant de la voûte céleste, et on se trouve inondé de la lumière du firmament qui ruisselle jusqu'au fond de la caverne. Cette ouverture, qui va en s'élargissant, offre une issue de deux cents pieds de diamètre. En quittant le bateau et en montant à travers les rocs éboulés, on arrive bientôt à la bouche de la caverne du côté de la terre.

De ce point, on jouit de la vue d'un ravissant paysage; l'œil, à la sortie de cette nuit, se repose avec délices sur des pâturages et des champs de blé qui s'étendent de tous côtés; de jolies habitations s'élèvent à peu de distance, et la mer ne se montre plus qu'à l'horizon (1). »

LE GÉOLOGUE. — Tout cela est incontestablement très-intéressant.

L'AUTEUR. — Voulez-vous maintenant revenir sur les côtes de France, et nous verrons si pour être moins grandioses, les scènes qui s'y passent sont moins émouvantes et moins terribles.

LE GÉOLOGUE. — Volontiers.

L'AUTEUR. — Voici ce qu'on écrivait de Douarnenez au *Courrier de Nantes*, en août 1864 :

« A quelques pas de Douarnenez, se trouve la plage du Riz, dont la beauté de l'étendue attire chaque jour un grand nombre de baigneurs qui viennent, a marée basse, visiter les charmantes grottes de la côte.

» Avant-hier, une jeune baigneuse, madame M..., entra dans l'une des plus belles grottes. Elle y resta longtemps, si longtemps en admiration devant la forme capricieuse des roches, qu'elle oublia que la mer montait. Lorsqu'elle voulut se retirer, le flot fermait toutes les issues, madame M..., saisie d'une horrible terreur, poussa des cris déchirants, que la mer étouffait sous sa voix puissante. Elle recula pas à pas devant l'invasion du flot, jusqu'au fond même de la grotte. Là, elle se cramponna aux anfractuosités et se tint ainsi à demi submergée, a demi noyée, pendant près de quatre heures, dans une position dont nous renonçons à décrire l'horreur, quand la mer, en se retirant, lui laissa de nouveau le champ libre. Madame M... brisée par l'émotion et l'excès de fatigue, pût à peine trouver la force de sortir de cet antre ou elle avait failli périr d'une mort si affreuse.

(1) Page 38 du même volume, M Frederic Mercey donne à ces souterrains le nom de *labyrinthe de cavernes*.

La mer était calme, très-heureusement, car, lorsque le vent a un peu de violence, les vagues s'engouffrent rapidement jusqu'au sommet des voûtes. »

LE GÉOLOGUE. — Je le répète, tout cela est palpitant d'intérêt.

L'AUTEUR. — Savez-vous ce que tout ce que je viens de vous dire m'a conduit à penser?

LE GÉOLOGUE.—Ma foi ! non ; expliquez-le-moi donc.

L'AUTEUR. — Que la France ne sera pas toujours la France.

LE GÉOLOGUE. — Comment! la France ne sera pas toujours la France?

L'AUTEUR. — Non, la France ne sera pas toujours la France, et cette terre, autrefois couverte par la mer, illustrée depuis par nos ancêtres, arrosée de leur sang, fertilisée par leurs mains, témoin de leur grandeur, sera de nouveau envahie par la mer; ces vastes plaines couvertes des plus riches moissons, ces forêts gigantesques, ces villages nombreux comme les étoiles du firmament, ces villes florissantes et populeuses seront un jour sous les flots ; mille pieds d'eau les couvriront, des navires vogueront sur les tours de Notre-Dame, et alors cette France qui nous est si chère, qui tient une si large place et un si haut rang dans le monde, les arrière-petits-fils de nos pères ne l'habiteront plus.

LE GÉOLOGUE. — Comment! cette contrée favorisée du ciel, bénie de Dieu, les arrière-petits-fils de nos pères seront forcés de l'abandonner?

L'AUTEUR. — Hélas! oui. Ainsi le veut l'Eternel, celui qui a pour empire le temps et l'espace éternels comme lui, et, bon gré mal gré, il faut nous résigner à sa volonté.

LE GÉOLOGUE. — Mais où seront-ils donc alors?

L'AUTEUR. —Ah! oui, où seront-ils? Voilà une question que je me suis faite bien souvent, où seront-ils? Qui sait? peut-être dispersés dans le monde ou fondus dans des nations nouvelles, et alors de notre nom aujourd'hui si brillant, peut-être comme de celui de ces Carthaginois si puissants dans des temps si rapprochés de nous, ne restera-t-il que le souvenir, une date, un point imperceptible dans l'histoire.

LE GÉOLOGUE. — Vous vous trompez, cela n'est pas possible.

L'AUTEUR. — C'est vous qui vous trompez ; pensez-vous que nous serons plus privilégiés que d'autres? pensez-vous que les habitants de Bordeaux seront plus heureux que ceux de Noviomagus ? Non, dans un temps plus ou moins rapproché, plus ou moins éloigné, que ce soit par l'eau, par le sable ou par la glace, le même sort les attend (1) ; ce qui est arrivé avant nous arrivera encore après. Voyez ces Islandais forcés d'abandonner leur pays qui se glace tous les jours et ne veut plus les nourrir.

LE GÉOLOGUE. — Comment ! l'Islande ne veut plus nourrir ses habitants !

L'AUTEUR. — Non ! l'Islande ne veut plus nourrir ses habitants, et des forêts magnifiques qui la couvraient encore il y a quelques centaines d'années il ne reste plus que des arbres rabougris (2). Les saules, qui autre-

(1) L'illustre Bremontier, allait jusqu'à calculer que Bordeaux périrait sous les sables dans dix-huit siècles.

(BARON DE MORTEMART-BOISSE, *Voyage dans les landes de Gascogne*, 1840, pages 18 et 17.)

La belle ville de Bannow en Irlande a disparu ainsi il y a plus de huit cents ans. On possède à Wexfort un registre de ses impôts remontant vers cette époque. (D'après LE MÊME.)

(2) L'Islande était couverte de belles forêts il n'y a pas deux mille ans, et aujourd'hui le froid y est si vif qu'il n'y croît plus que quelques arbres rabougris.

DE LAMETHERIE, t. V, page 187.

fois y atteignaient presque la grosseur de la jambe, n'y atteignent plus aujourd'hui que la grosseur du doigt, je puis en parler avec assurance, les ayant vus moi même au Palais-Royal au retour du prince Napoléon de son voyage dans le Nord, qui lui-même en avait rapporté (1).

LE GÉOLOGUE. — Vous m'affligez et jetez le trouble dans mon esprit et l'effroi dans mon âme.

L'AUTEUR. — Toutes les sensations qu'on peut éprouver à la pensée d'un pareil événement, je les ai éprouvées par conséquent vous ne m'apprendrez rien à ce sujet.

LE GÉOLOGUE. — Grand Dieu! quel est donc ton dessein? quel est donc ton but lorsque tu affliges ainsi les nations?

L'AUTEUR. — Son dessein? il est grand comme l'était sa pensée le jour où il a conçu le monde!

LE GÉOLOGUE. — Vous croyez?

L'AUTEUR. — Oui, car c'est dans un but de sollici-

(1) *Islande.* — Les pêcheurs de baleines ont cessé d'aller au Spitzberg, dépeuplé dans ses mers comme sur ses plaines, où la neige ne fond plus. On cherche la cause d'un effet si désastreux, qui menace, dans un avenir plus ou moins prochain, de chasser de l'Islande la population famélique d'environ soixante mille habitants qu'elle nourrit, ou plutôt qu'elle ne nourrit pas, car c'est au moyen de la pêche que la plupart des Islandais se procurent la subsistance insuffisante qui les fait vivre à peine, même avec le secours de la métropole danoise. Si la banquise enveloppait l'Islande, comme elle a fait l'île de Jean Mayen et le Groenland oriental, que deviendraient les insulaires? BABINET.

(*Revue des Deux Mondes*, 1er novembre 18.7, page 129.)

On lit page 931 de la *Géographie* de Chauchard et Muntz : « Le Groenland, c'est-à-dire terre verte, fut ainsi nommé par Eric Randa et ses compagnons, qui le découvrirent en 893, ou, selon d'autres, en 892, et trouvèrent, à leur grand étonnement, des forêts et des prairies sur la côte orientale. »

tude pour les nations, et non dans la pensée de les affliger, qu'il agit ainsi.

LE GÉOLOGUE. — Expliquez-vous. Je ne vous comprends pas.

L'AUTEUR. — C'est cependant bien facile à comprendre.

LE GÉOLOGUE.—Comment! bien facile à comprendre?

L'AUTEUR. — Oui! il est facile de comprendre qu'une population toujours croissante et habitant toujours un même sol finirait par l'épuiser s'il n'était renouvelé.

LE GÉOLOGUE. — Mais on a reconnu que, par l'alternement dans les cultures, on évitait l'épuisement dont vous parlez et que vous paraissez craindre.

L'AUTEUR. — Oui, on fait comme ceux qui usent leur vie pendant le jour et la nuit, dans la crainte qu'elle ne dure trop longtemps.

LE GÉOLOGUE. — Mais par les engrais ne lui rend-on pas ce qu'on lui prend ?

L'AUTEUR. — Oubliez-vous donc qu'une partie de ces engrais et même de grandes quantités de terres végétales sont entraînées dans la mer par les eaux? Ces pertes-là, qu'est-ce qui les lui rend ?

LE GÉOLOGUE. — Rien au monde, je dois en convenir.

L'AUTEUR. — Ne comprenez-vous donc pas que ce travail lent, mais continu, des eaux finirait par dénuder les plaines comme il a dénudé les sommets des montagnes, et qu'alors vous n'auriez plus que le roc a cultiver?

LE GÉOLOGUE. — Sans doute. Et alors, pour remédier a cet inconvénient, l'Eternel a dit...

L'AUTEUR. — Et alors, dans sa divine sagesse, l'Eternel a dit : Les hommes alterneront les cultures, mais moi, je leur alternerai les continents.

LE GÉOLOGUE. — Comment se fait-il que Cuvier n'ait pas compris cela?

L'AUTEUR. — Cuvier l'a compris, c'est vous qui n'avez pas compris Cuvier.

LE GÉOLOGUE. — Comment! je n'ai pas compris Cuvier? Je l'ai lu autrefois, mais je n'y ai jamais rien vu de semblable.

L'AUTEUR. — C'est que vous ne savez pas lire, mon cher géologue; ouvrez encore son *Discours sur les révolutions du globe*, édition de 1830, page 32, ou mon édition, à l'article intitulé *Alluvions*, page 21. Voici ce que, à propos des parcelles de limon que les fleuves entraînent avec eux, vous y lirez :

« Ces parcelles se déposent aux côtés de l'embouchure, elles finissent par y former des terrains qui prolongent la côte, et si cette côte est telle que la mer y jette de son côté du sable et contribue à cet accroissement, il se crée ainsi des *provinces*, des *royaumes* ordinairement les plus fertiles et bientôt les plus riches du monde, si les gouvernements laissent l'industrie s'y développer en paix. »

LE GÉOLOGUE. — Vous me confondez. Je n'ai plus rien à vous objecter.

L'AUTEUR. — Voici encore, sur ce sujet, un riche volume que je viens d'acquérir aujourd'hui, 18 mars 1863, et dont j'ai dévoré la lecture avec avidité, mais que je ne vous ai pas encore analysé; voulez-vous que nous l'examinions ensemble?

LE GÉOLOGUE. — Non! non! Assez! assez! Grâce pour aujourd'hui; finissons-en : ce sera pour une autre fois. Mon esprit est troublé et tout agité de ce que je viens d'entendre. Cela confond l'imagination et brise la pensée.

L'AUTEUR. — Vous avez alors compris que l'histoire du monde était renversée et métamorphosée de fond en comble, et que le globe lui-même n'était pas né d'hier.

LE GÉOLOGUE. — Je l'ai compris.

L'AUTEUR. — Alors vous êtes satisfait sur tous les points?

LE GÉOLOGUE. — Sur tous les points.

L'AUTEUR. — Il y a entre vous et moi cette différence, que je ne le suis pas, car il me reste une question à vous faire.

LE GÉOLOGUE. — Laquelle donc? Vous réveillez ma curiosité. Je suis désireux de la connaître.

L'AUTEUR. — Celle de savoir si vous êtes maintenant bien convaincu que, loin d'y avoir eu quatorze ou quinze déluges, comme vous le supposiez, il n'y en a jamais eu (1), que les cataclysmes du genre de celui qui a englouti Noviomagus en l'an 580 ne sont que des accidents locaux.

LE GÉOLOGUE. — J'en suis convaincu maintenant, mais je ne l'étais pas lorsque je suis arrivé chez vous.

(1) Il est entendu qu'il n'est question ici que du déluge géologique ou scientifique, le déluge de Noé, ainsi qu'il a été dit dans le prospectus, n'étant pas de notre compétence. Toutefois, nous répondrons aux plus difficiles et aux plus incrédules qu'en présence de ce grand et incontestable fait du travail de Dieu, les Hébraïstes interprétateurs de la Bible se sont émus, et qu'en relisant plus attentivement le texte hébreu ils ont reconnu que le mot dont Moïse s'est servi pour désigner le *jour* signifie également *époque*, comme chez nous *bientôt* peut désigner quelques heures ou un certain laps de temps. Ce n'est d'ailleurs pas le seul passage de la Bible qui aurait été traduit à contre-sens, si nous devons en croire un ouvrage anglais sur les erreurs et préjugés, traduit en français dans le siècle dernier, en 3 vol. in-12, dans lequel il est dit que c'est à tort qu'on représente Moïse lui-même avec des cornes, attendu que le mot hébreu synonyme de corne signifie aussi brillant, lumineux, rayonnant, ce qui veut dire que Moïse avait le front brillant et non cornu. Il paraît aussi que c'est Japhet et non Sem qui est l'aîné des enfants de Noé.

L'AUTEUR. — Vous avez cependant lu Boitard (1); vous eussiez dû le comprendre (2).

LE GÉOLOGUE. — Je croyais, en effet, l'avoir bien compris, mais il paraît que non. Répetez-moi donc ce qu'il dit a ce sujet.

L'AUTEUR. — Ce serait trop long ; relisez-le vous-même dans son ouvrage. Quant a moi, je prétere vous raconter comment il a fait sa découverte, et comment j'ai eu l'occasion de l'apprendre de lui; cela variera le plaisir. Ceci vous convient-il?

LE GÉOLOGUE. — Tres-volontiers; je vous écoute. Au fait, non ; j'aimerais mieux que vous voulussiez bien me l'écrire. De cette maniere, je pourrais en prendre connaissance plusieurs fois sans vous déranger, et cela aurait en outre l'avantage de mieux se graver dans ma mémoire.

L'AUTEUR. — Je suis à vos ordres; demain vous serez satisfait.

Le lendemain, en effet, l'auteur remettait au géologue le *Memoire*.

(1) L'*Univers avant les hommes*, l'*Homme fossile*, *etc.*, *etc.*, 1 vol. gr. in-8° illustre de 35 gravures et de deux cartes,

(2) Pour l'ecole de Lyell, aujourd hui dominante dans la Grande-Bretagne, il n'y a plus ni monde antediluvien ni monde postdiluvien : il n'y a qu'une action continue des causes naturelles qui renouvellent peu à peu en detruisant.

(Alphonse ESQUIROS,
l'*Angleterre avant les hommes*, page 57).

BOITARD

ET

SA THÉORIE DES RÉVOLUTIONS DU GLOBE

I

Lorsqu'il y a une douzaine d'années j'eus l'avantage d'entrer en relations avec Boitard, je n'avais pas la connaissance la plus élémentaire en géologie.

Plusieurs fois, dans mes entretiens avec lui, la conversation tomba sur ce sujet, et, bien que je n'y entendisse rien, j'avais fini par comprendre qu'il était tout à fait en désaccord avec les autres géologues, en ce qu'il les critiquait sans cesse de ce que ceux-ci prétendent que la présence de fossiles dans l'intérieur de l'écorce du globe est due à un cataclysme ou brusque débordement de la mer. Comme c'était ce que, comme tout le monde, j'avais entendu dire et cru jusque-là, je ne me rendais pas bien compte comment il pouvait en être autrement; mais il me prêta un jour son article intitulé l'*Homme fossile* (1), inséré dans le *Magasin universel* du mois d'avril 1838, dans lequel je lus :

(1) C'est le même sujet qu'il a traité depuis sous le titre de l'*Univers avant les hommes*.

. . . .

« En descendant dans des mines, des carrières, des puits, en regardant les déchirures escarpées des montagnes, les ravins, les berges des rivières encaissées, etc., on a remarqué que le sol, à quelque profondeur que l'on descendît, se composait constamment de couches de terre ou de roches, posées plus ou moins parallèlement les unes sur les autres en forme de lit, et que ces couches affectaient ordinairement une position horizontale un peu inclinée.

. . . .

On a remarqué que, par toute la terre, en Europe, en Asie, en Amérique, etc., ces couches ne varient ni de nature, ni de rang. Par exemple, sur le noyau de granit sont toujours des couches de schistes ardoisiers, argileux, etc., de calcaires coquilliers, etc. — Sur celles-ci sont posées celles du vieux grès rouge, de calcaire carbonifere, d'arkoses, de poudingues et de houille. — Viennent ensuite les couches de grés rouge zechstein, gres vosgien, grès bigarré. — Puis celles de calcaires conchylien, marne irisée, calcaire du liais, calcaire oolithique; celles du calcaire de Purbeck, sable de Hastings, argile wealdienne, gres vert, craie, argile, calcaire grossier, gypse, marne, calcaire siliceux, marnes subapennines, etc.; enfin, toutes les couches modernes formées par des dépôts de transport.

» Partout on trouve l'ordre que j'établis ici, et si quelquefois il en manque quelques-unes, du moins jamais elles ne se trouvent transposées . . . . .

. . . .

» Ainsi, en comptant les couches, à Paris, par exemple, en étudiant la nature de chacune d'elles, on reconnaît, *sans pouvoir en douter*, que cette partie de la France *a ete recouverte*, ainsi que presque toutes les contrées du globe, *plusieurs fois par la mer.* »

Je compris que cette régularité de couches superposées régulièrement les unes sur les autres, sans être jamais interposées, ne devait pas être, en effet, le résultat d'un bouleversement subit, mais celui d'une marche lente et continue du globe, dont cependant je ne pouvais encore me faire une juste idée, mais dont plus tard, dans mes conversations avec Boitard, je pus me rendre compte, ce qui ne se fit toutefois qu'avec le temps, car, comme il appréhendait qu'on lui dérobât l'honneur de la découverte qu'il avait faite à ce sujet, il se montrait très-réservé avec tout le monde lorsqu'il en parlait ; ce n'est que plus tard, lorsqu'il se fut convaincu qu'il n'avait rien à craindre de mon indiscrétion, qu'il se montra plus communicatif avec moi. Un jour, entre autres, il me dit, autant qu'il m'en souvient : « La terre a trois mouvements connus des astronomes :

« 1° Celui qu'elle fait en 24 heures par sa rotation sur elle-même, et qui produit le jour et la nuit ;

« 2° Celui qu'elle fait autour du soleil en 365 jours, quelques heures et quelques minutes, et qui produit l'année (1) ;

(1) Boitard expliqua un jour chez le comte d'Angeville, ancien ministre de Louis-Philippe, comment la terre tourne autour du soleil. Voici à quelle occasion :

Le comte d'Angeville, qui était son ami, lui rendant un jour visite, lui dit :

— On m'a toujours dit au collége, à l'école Polytechnique et ailleurs, que la terre tourne autour du soleil, mais on ne m'a jamais dit comment ; est-ce que vous pourriez expliquer cela ?

— Certainement, lui dit Boitard.

— Vraiment ?

— Vraiment !

— Je paye un déjeuner si vous l'expliquez, mais ce sera

« 3° Puis un autre extrêmement lent, consistant en une sorte de balancement semblable a celui d'une toupie mourante, qu'elle fait autour du cercle polaire céleste, en 25,868 ans, et qui produit la précession des équinoxes, c'est-à-dire les changements des saisons.

vous qui le payerez si vous ne l'expliquez pas. On servira le déjeuner chez moi. Pour quel jour voulez-vous que je fasse mes invitations ?

(C'était, me dit Boitard, comme qui dirait un vendredi. Je lui dis de faire ses invitations pour le dimanche suivant.)

— En si peu de temps ? dit le comte.

— En si peu de temps, répondit Boitard.

— Alors, c'est entendu, à dimanche, ajouta M. d'Angeville.

— A dimanche ! répéta Boitard.

Le lendemain, Boitard prépara ses dessins, et lorsque, le dimanche matin, il se présenta chez le comte d'Angeville, dix officiers de marine, le comte compris, étaient réunis dans le salon de ce dernier. Il n'y avait, appartenant au civil, que Boitard *, et, je crois, le baron de Ladoucette. Boitard jeta ses dessins sur le tapis de la table. Le comte d'Angeville les prit aussitôt, et, les comprenant sans même que Boitard eût besoin de les lui expliquer, il s'écria, dans son enthousiasme et transporté d'admiration : O Boitard, Boitard, je ne vous vais pas à la hauteur de la cheville du pied !

Il remit ensuite les dessins sur le tapis. Les officiers de marine les examinèrent les uns après les autres ; l'un d'eux dit à Boitard :

— Puisque vous connaissez l'astronomie, vous conduiriez bien un vaisseau ?

— Sans doute, répondit-il, je le conduirais et me chargerais même de le faire entrer à heure voulue dans tel port de l'univers que l'on voudrait m'indiquer.

Les dessins en question sont restés entre les mains du comte d'Angeville, et malheureusement peut-être, à sa mort, ont-ils été perdus ou égarés.

Boitard ne m'a jamais expliqué les sept mouvements de la terre, mais depuis que cette note est écrite, un ouvrage qui m'est tombé sous les yeux m'en a expliqué une partie, et j'ai compris le reste, dont on trouvera l'explication plus loin.

* Pour être exact, disons toutefois que Boitard était ancien officier du premier Empire

« C'est, me dit-il, ce mouvement qui, au fur et à mesure qu'une partie de la terre se penche plus directement du côté du soleil ou s'en éloigne, produit les changements de température sur le globe, et ce qui est cause que celle de la France a été successivement chaude, tempérée et froide, qu'elle est présentement tempérée, qu'elle redevient chaude et redeviendra ensuite tempérée, puis plus tard froide. C'est, ajouta-il, ce même mouvement qui déplace les mers, modifie la surface du globe et produit ce qu'à tort les géologues ont nommé le déluge. »

Ne connaissant rien de plus à l'astronomie qu'à la géologie, je ne me rendais que très-vaguement et très-imparfaitement compte des renseignements que me donnait Boitard et des déductions qu'il en tirait; mais, ayant eu occasion de lui rendre visite dans les derniers mois de 1855, en septembre ou octobre, il me pria, en le quittant, de lui apporter, lorsque je reviendrais le voir, quelques almanachs qui pussent l'intéresser, ce qui eut lieu une quinzaine de jours après. Au nombre de ceux que je choisis pour lui remettre, se trouvait celui qui est intitulé . *Almanach du Jardinier fleuriste* pour 1856, Paris, Goin, au verso du titre duquel je lus :

« On a partagé l'année en quatre saisons, qui commencent toutes à l'heure des quatre positions remarquables de la terre : le printemps commence à l'équinoxe du printemps; l'été au solstice d'été : l'automne à l'équinoxe d'automne et l'hiver au solstice d'hiver.

» Les saisons ne sont pas d'égale durée.

» Le printemps dure environ		92 jours	21 heures	74'.
» L'été	—	93	13	58'.
» L'automne	—	89	16	47'.
» L'hiver	—	89	2	62'.

» Lorsque le soleil deviendra plus voisin de la terre à l'équinoxe du printemps, ce qui arrivera vers l'année 6485 de l'ere vulgaire, les saisons seront à peu près égales. Ensuite la précession des équinoxes continuant toujours, le printemps et l'été deviendront plus courts que l'automne et l'hiver ; alors aussi l'hémisphère austral sera plus longtemps échauffé que le nôtre de sept jours (1). »

Je fus frappé de l'analogie qui existait entre ce calcul et les idées de Boitard, et me dis que si, dans une certaine période d'années, les saisons devaient changer, il devait en effet en être de même de la température du globe. Cependant j'eus soin de ne lui faire aucune observation a ce sujet en lui remettant le volume, désirant m'assurer de l'impression que ce calcul ferait sur lui.

Quinze jours ou trois semaines plus tard, j'eus occasion de lui faire une nouvelle visite. Dans mon entretien avec lui, j'amenai la conversation sur les almanachs et lui dis :

— Avez-vous trouvé quelque chose dans ceux que je vous ai remis dernierement ?

— Non, me répondit-il, il n'y a rien dedans. Puis, se ravisant tout à coup, il me dit : — Si, j'y ai trouvé un calcul; celui qui l'a fait n'en tire aucune déduction, mais celles que j'en tire, moi, sont considérables (2). Ce sont ses propres paroles.

(1) C'est « un côte de l'hémisphere austral, » et non pas « l'hemisphere austral, » qu'il fallait dire, parce qu'à l'hemisphere austral comme à l'hemisphere nord, lorsqu'un côté se rechauffe en se penchant vers le soleil, le côte opposé se refroidit en remontant vers le pôle. J'ai cru cependant devoir citer le passage en entier, afin de ne pas le tronquer.

(2) Voici ce qu'on lit dans la *Revue des Deux Mondes* du 1er aout 1860, à propos de la theorie d'Adhémar :

« Pendant que la terre se meut autour du soleil, son axe de

— Je l'avais remarqué aussi, lui dis-je, mais j'avais évité de vous en parler, parce que je voulais voir ce que vous m'en diriez vous-même.

Pendant la conversation, qui continua sur le même sujet, je lui dis :

— Comment avez-vous donc fait pour faire votre découverte ?

Il me répondit :

— Ce sont les carrières de Montrouge qui m'en ont donné la première idée.

rotation, en se déplaçant, ne demeure pas rigoureusement parallèle à lui-même. Sa direction est sans doute sensiblement la même tout le cours d'une année, mais si l'on compare les positions que cet axe a occupées à deux époques éloignées l'une de l'autre d'un laps de temps assez notable, on s'aperçoit que sa direction *a réellement changé*. L'observation a démontré que le plan de l'équateur céleste, mené par le centre de la terre perpendiculairement à la ligne des pôles, change peu à peu de direction, et déplace par conséquent la ligne des équinoxes, qui est l'intersection de ce plan avec le plan de l'écliptique. Du changement lent et progressif de la direction de la ligne des équinoxes dépendent les époques auxquelles commencent les diverses saisons de l'année. Par exemple, l'équinoxe du printemps est chaque année en avant d'une certaine quantité sur l'époque à laquelle il serait arrivé si l'axe de la terre n'éprouvait pas son changement continuel de direction. C'est pour cela que le mouvement de révolution de cet axe autour de la perpendiculaire au plan de l'écliptique a été appelé *précession des équinoxes*. L'altération du parallélisme des plans de rotation de la terre est due à la force qui tend sans cesse à ramener vers l'écliptique le plan de l'équateur. M. Adhémar explique comment cette force est produite par l'inégale attraction que le soleil exerce sur la partie renflée de la sphère terrestre. La double influence à laquelle se trouve alors soumis l'axe de notre planète l'oblige à s'incliner et à décrire une surface conique autour de la perpendiculaire au plan de l'écliptique ; de ce mouvement naît le déplacement des équinoxes. »

ALFRED MAURY. — *Nouvelles théories sur le déluge.*

Autant que possible, quel que soit le sujet que j'aie à traiter

Puis il ajoute : on ne connaît les [illegible] sur la montagne (il me semble que ce n'est que d'hier et que le [illegible] voisinage).

— Je me disais en voyant ces carrières et leurs couches régulièrement stratifiées, les unes sur les autres : ils ont été produits par un [illegible] déluge universel, effroyable cataclysme ; mais je ne vois là [illegible] ni cataclysme. Comment cela

[illegible]

[illegible] se trouve dans le [illegible] deux [illegible] 1798 [illegible] lettre [illegible] (page 33) [illegible] quoiqu'il [illegible] le silence.

Ceux qui connaissent l'agronomie n'ont pas besoin de tant de [illegible], mais ceux qui n'y connaissent rien, ont besoin de [illegible], continués par plusieurs [illegible].

Puis il ajouta, en se croisant les bras sur la poitrine (il me semble que ce n'est que d'hier et que je les vois encore) :

— Je me disais en voyant ces carrières et leurs couches régulièrement superposées les unes sur les autres : Ils (les géologues) parlent toujours de déluge universel, d'effroyable cataclysme ; mais je ne vois là, moi, ni déluge ni cataclysme. Comment cela a-t-il donc pu se faire ? quelle a donc été la cause des révolutions du globe ? C'est alors que je me suis mis à sa recherche, et que j'ai fini par découvrir qu'elle était due tout simplement à ce mouvement

j'aime à appuyer par des preuves mon opinion ou celles d'autrui lorsque je les partage.

Voici encore, sur celle des changements de position que fait subir à notre globe la précession des équinoxes, ce que dit, dans le *Siècle* du 13 novembre 1862, M. Rodolphe Radau, à propos des pyramides qu'il suppose construites en l'honneur de la planète *Sirius* :

« Au point culminant de sa route, les rayons de Sirius frappent d'aplomb une surface inclinée sous cet angle (des Pyramides) sur l'horizon du lieu. Cela est vrai à peu près aujourd'hui, mais exactement pour l'an 3,300 avant J.-C., *en tenant compte de la précession des équinoxes.* »

Voici encore un homme qui n'a pas voulu faire ici de la science géologique, et qui constate cependant bien que la terre, il y a environ 5,000 ans (3,300 avant J.-C.), n'était pas dans la position où elle est aujourd'hui.

On lit encore dans Cuvier, *Révolutions du globe*, in-8°, 1830, page 233 :

« En effet, selon les calculs de M. Ideler, en 2,782 avant J.-C., Sirius se montre dans la Haute-Égypte le deuxième jour après le solstice, en 1,322 le treizième, et en 139 de J.-C., le vingt-sixième (IDELER, *loc. cit.*, page 38). Aujourd'hui, il s'élève héliaquement plus d'un mois après le solstice. »

Ceux qui connaissent l'astronomie n'ont pas besoin de tant de citations, mais ceux qui n'y connaissent rien ont besoin que de semblables faits leur soient confirmés par plusieurs personnes : c'est pour cette raison que j'accumule ici les preuves.

conique de la terre qui, comme je vous l'ai dit, ressemble à celui que fait une toupie mourante, et se produit en vingt-cinq mille huit cent soixante-huit ans.

— Comment se fait-il, ai-je ajouté, que d'autres n'aient pas eu avant vous une idée aussi simple ?

— C'est, me dit-il, parce que ceux qui connaissent la géologie ne connaissent pas l'astronomie, et que ceux qui connaissent l'astronomie ne connaissent pas la géologie, et qu'il fallait pour cela que ces deux connaissances fussent réunies chez la même personne (1) : autrement la découverte n'était pas possible. Voila pourquoi elle ne s'est pas faite plus tôt (2).

(1) Le père Haroui disait en chaire qu'il fallait regarder la terre en astronome et non pas en geographe. Il expliquait sa comparaison en disant que la terre est un point pour un astronome et qu'elle est d'une grandeur immense pour un geographe.

GAYOT DE PITAVAL.

Art d'orner l'esprit, 1re partie, p. 28 et 29.

(2) Il fallait aussi connaitre la botanique pour reconnaitre que Dieu, par suite de ce mouvement conique du globe, promene la chaleur du soleil sur la surface de la terre en 25,868 ans, comme il la promene en 24 heures et en un an On se rend compte de cette maniere que le feu central n'est qu'un mythe, et qu'il n'est pas nécessaire d'y avoir recours pour expliquer comment des cocotiers ont pu vivre autrefois à Meudon et comment une forêt de palmiers a pu être decouverte en Allemagne.

(3) La decouverte du mouvement conique, ou plutôt biconique du globe, ne date pas d'hier, car, comme le prouve la note qui suit, tiree du baron d'Holbach, il etait connu d'Hipparque, qui vivait dans le 2e siecle avant J.-C. Voici comment s'exprime à ce sujet le baron d'Holbach, dans son *Systeme de la nature*, édition de 1775 :

« *Il est certain* que le globe renferme en lui-même une cause qui peut totalement le changer. En effet, outre le mouvement diurne et sensible de la terre, elle en a un tres-lent et presque insensible, par lequel tout doit changer en elle : c'est

Et chaque fois que depuis la conversation est retombée sur le même sujet, et que, pour m'assurer

le mouvement d'où dependent les précessions des équinoxes observées par Hipparque et par d'autres mathematiciens; par ce mouvement, la terre doit, au bout de plusieurs milliers d'annees, changer totalement, *et les mers doivent à la longue finir par occuper la place qu'occupent maintenant les terres,du continent.* »

Systeme de la nature, Londres, 1775, 2e partie page 36.

' Comme on peut en juger par cette note, quoiqu'il fût nécessaire d'être geologue en meme temps qu'astronome pour expliquer les revolutions du globe: il s'est cependant trouve un homme de genie qui a suppose, et même pour ainsi dire assure (il est certain, dit-il) que le mouvement conique devait totalement changer le globe, et bien que l'ouvrage du baron d'Holbach ait eu deux editions en 1770 et qu'il ait ete reimprime en 1771, 1774, 1775, 1777, 1780, 1795, 1820, 1821 et 1822, il n'est cependant venu à la pensee d'aucun de ses nombreux lecteurs de completer son idee, et la routine des cataclysmes diluviens n'a fleuri que de plus belle.

On lit encore, page 122 du *Triple Almanach* Mathieu de la Drôme, 1865, le passage suivant, qui vient à l'appui de la théorie de Boitard.

« Au moment où Voltaire, malgré sa tendresse pour celle qu'il appelait Catherine le Grand, etait forcé d'avouer qu'elle preparait aux poetes de l'avenir un peu trop de sujets de tragedies, elle lui écrivait.

» J'aimerais que l'equateur changeât de position ; l'idée que la Siberie serait couverte d'orangers et de citronniers me charme singulierement. Je viens de lire un livre ou on dit que cela arrivera dans vingt mille ans. »

Je possede sur ce même sujet deux exemplaires d'un livre bien plus explicite, plus clair et plus precis encore, et que ne doit pas posseder la Bibliotheque Imperiale, car, le *Journal de la Librairie* ne l'annonçant pas, il n'a pas du être deposé à la direction de la librairie, mais je n'en indiquerai le titre que lorsque quelques savants ou de pretendus tels seront encore venus se heurter la partie la plus saillante du visage contre la theorie de Boitard que souvent ils sont loin de menager.

s'il varierait dans ses réponses, je lui ai adressé la même question, chaque fois la réponse a été la même.

Depuis une dizaine d'années, Boitard avait conçu la pensée de publier lui-même son ouvrage, ou au moins de s'intéresser dans sa publication, et de réimprimer en même temps ses différents articles publiés dans le *Musée des familles* et le *Magasin universel*, et déja, quelque temps avant son déces, lorsqu'il est tombé malade de la maladie qui l'a conduit au tombeau, quatre-vingts bois avaient été dessinés ou fait dessiner par lui, et soixante-dix étaient gravés, dont quelques-uns également par lui.

Cependant, comme il avait déjà confié son secret à plusieurs personnes, et qu'il appréhendait, ainsi que moi, qu'une indiscrétion, même involontaire, ne lui en fît perdre la priorité, maintes fois je l'avais engagé à le publier, en mettant au jour une partie de son ouvrage, dans laquelle, il l'insérerait; la dernière fois que je le vis, il avait fini par consentir à se rendre a mes instances, et me dit qu'il allait s'en occuper.

Notre conversation roulait sur le même sujet lorsqu'il me pria de prendre sur son bureau un cahier d'épreuves de vignettes et de le lui remettre, ce que je m'empressai de faire ; et, m'invitant ensuite à m'approcher de son lit, il me dit en me montrant l'épreuve de la vignette représentant le mouvement conique de la terre et en mettant un doigt sur la 3e figure : Vous voyez bien ?... le soleil étant en *h* et la terre étant dans cette position, la pointe de la lance placée directement sous la lettre *c* occupe le milieu des glaces du pôle nord, qui sont placées entre les lettres *u*————*u*, de même que le bas de la lance occupe le milieu de celles du pôle sud placées entre les lettres *v*———*v*. Comprenez-vous bien ?

— Très-bien, lui dis-je

Puis, descendant ensuite le doigt sur la figure n° 4, il ajouta . Le soleil étant toujours en *h*, et la pointe de la lance s'étant inclinée vers lui, les glaces qui étaient à gauche de cette pointe auront fondu en partie, et il s'en sera formé d'autres a droite, sur la partie du globe qui aura remonté vers le pôle, de manière à ce que le centre de ces glaces se trouve toujours placé au-dessous de la lettre *e*, exactement dans la position qu'elles occupaient dans la figure n° 3. La même chose se produira en sens inverse pour le pôle sud (1), et alors les courants sous-marins seront changés (2), les mers se déplaceront au

(1) Voir page 86, l'article intitulé : ***Mouvement des fleuves en Russie.***

(2) Je pense que la vraie cause de la détérioration du climat des mers de l'Atlantique est plutôt une *diminution* dans cette partie du *Gulf-Stream*, qui se dirigeait autrefois vers le nord et qui allait réchauffer le Spitzberg à la latitude de 80 degrés. Le soulèvement du fond de la mer et la moindre profondeur qui en est résultée pour le courant du lit d'eau chaude, ont dû diminuer ce courant. L'eau tiède qui remontait au Spitzberg, et qui donnait la vie à toute la population de cétacés, d'oiseaux et de quadrupèdes arctiques pullulant autour de ses pics aigus, puis qui redescendait vers l'Islande, cette circulation d'eau chaude, dis-je, étant tarie ou amoindrie, n'a plus dès lors compensé, comme autrefois, les inconvénients d'une trop grande proximité du pôle, et dans tout ce bassin le climat s'est détérioré.

BABINET, *Revue des Deux Mondes*, 1er novembre 1857.

Je ne cite ce passage de M. Babinet que pour confirmer l'opinion de Boitard sur le déplacement des mers. Car ce n'est point directement, comme le croit M. Babinet, au déplacement du *Gulf-Stream* qu'est due la détérioration du climat au Spitzberg, mais au mouvement conique du globe auquel sont dus tous les changements en question, et qui en sont la conséquence forcée.

fur et à mesure que le mouvement se produira et que les glaces fondront ; elles se porteront sur des centres aujourd'hui à sec, pour en découvrir d'autres qu'elles couvrent aujourd'hui (1). Comprenez-vous bien ? me répéta-t-il.

— Très-bien, très-bien, lui dis-je : mais je vous engage de nouveau à ne pas tarder plus longtemps à publier cette idée, en détachant de votre manuscrit la partie qui la concerne, car il y aurait à craindre qu'on ne vous la dérobât si elle venait à être connue.

Il me promit de nouveau de le faire, et je le quittai en lui promettant de retourner le voir un peu plus tard.

Quelque temps après, Victor Meunier publiait dans le *Siècle* deux articles sur l'ouvrage d'Adhémar, intitulé les *Révolutions de la mer*. Ayant reconnu entre les idées émises dans cet ouvrage et celles de Boitard une certaine analogie, sauf, toutefois, le déluge annoncé par Adhémar, auquel Boitard n'aurait pas cru, je me procurai les deux numéros du *Siècle* qui contenaient ces deux articles pour aller m'en entretenir avec lui. J'avais fait mes dispositions pour cela, et déjà j'étais dans ma cour, prêt à en franchir la porte et à me diriger vers sa demeure, à Montrouge, lorsque je vis, à travers les vitres de mon concierge une

(1) La figure nº 2 représente le même mouvement dans le sens opposé, lorsque la terre fait, comme la toupie, le mouvement de retour.

Delametherie dit que Lagrange a calculé que la terre ne serait jamais parfaitement droite sur son axe. C'est une opinion que je partage entièrement avec lui : par la raison qu'une toupie mourante ne se replace jamais elle-même droite sur son axe, il doit en être de même de la terre lorsqu'elle fait le même mouvement.

lettre de deuil, que celui-ci me dit être pour moi ; je la pris, l'ouvris, et voici ce que j'y lus :

M.

Vous êtes prié d'assister aux convoi, service et enterrement de M. PIERRE BOITARD, homme de lettres, décédé à Montrouge, le 25 août 1859, dans sa soixante et onzième année, qui se feront le samedi 27 août, à huit heures et demie du matin, en l'église Saint-Pierre du Petit-Montrouge.

Cette nouvelle si inattendue me causa une vive émotion. Je dirigeai néanmoins mes pas vers sa demeure, pensant que, dans une semblable circonstance, sa famille pouvait avoir besoin de consolations, que je m'empressai d'aller, autant qu'il était en mon pouvoir, lui porter.

Et, le lendemain, j'assitais à l'enterrement de l'homme de génie dont la science déplore la perte.

Voilà comment j'ai connu la théorie de Boitard sur les révolutions du globe.

II

J'ignore si Boitard a jamais eu connaissance de la théorie d'Adhémar. Dans tous les cas, les idées émises par lui à ce sujet me paraissent essentiellement différer de celles exprimées par Adhémar. Pour s'en convaincre, il suffit de résumer en quelques mots, et d'après ces deux savants, le mécanisme de leurs systèmes.

Adhémar soutient que, par suite de la précession des équinoxes, il y a inégalité entre la somme des heures de jour et de nuit des deux hémisphères (1);

Que cette inégalité produit une différence dans les températures correspondantes, et que c'est à cette différence que l'on doit attribuer celle des glaces des deux pôles;

Que l'inégalité qui existe entre les poids des deux masses glacées déplace nécessairement le centre de gravité;

Que du déplacement du centre de gravité résulte le déplacement des eaux;

Que ce déplacement des eaux doit avoir lieu tous les 10,500 ans.

De sorte que, lors de la rupture du glacier nord, par exemple, le centre de gravité s'abaisse TOUT A COUP, passe BRUSQUEMENT du rayon boréal au rayon austral et entraîne vers le sud la *masse entière* des eaux qui couvrait l'hémisphère boréal. La force principale se combinant avec les forces obliques résultant des pentes de montagnes, il en résulte un grand nombre de courants torrentiels qui rayonnent du pôle vers l'équateur, et qui ont entraîné, lors du dernier cataclysme, sous le nom de blocs erratiques, les fragments de rochers du nord dans les plaines de la Russie, de la Pologne et du nord de l'Allemagne.

Le système de Boitard est bien différent : suivant lui, la précession des équinoxes est la cause de ce mouvement excessivement lent que la terre décrit autour du pôle céleste, et que les astronomes désignent sous le nom de mouvement conique.

(1) Il est bien démontré que l'obliquité de l'écliptique diminue continuellement, c'est-à-dire que l'inclinaison de l'axe de la terre devient chaque jour plus petite. Delametherie, *Théorie de la terre*, t. V, p. 189; Paris 1797.

Cuvier parle aussi, dans son *Discours sur les révolutions du Globe*, du mouvement conique de la terre, qu'il dit se produire en 25,960 ans.

La terre décrit son cercle en s'avançant de l'est à l'ouest, dans une période de 25,868 ans, à raison de 50 secondes 10 tierces par année.

A chaque période de 12,934 ans du mouvement conique, les glaces des pôles se trouvent *successivement* exposées aux rayons calorifiques du soleil (1), la chaleur fait fondre *progressivement* les montagnes de glace qui couvrent les pôles, et alors des courants s'établissent d'une *manière sensible* vers l'équateur.

En d'autres termes, le mouvement conique fait osciller le globe d'environ 23 degrés 4 minutes. Paris, par exemple, qui se trouve situé aujourd'hui sous le 48e degré 30 minutes de latitude nord, sera dans 6,467 ans sous le 37e degré 13 minutes, et dans 12,934 ans sous le 25e degré 46 minutes.

Tout s'est donc passé, ajoute Boitard, d'une manière fort naturelle : *lentement*, *paisiblement*, sans *épouvantables cataclysmes* ni *horribles catastrophes* (2).

(1) Ainsi que je le démontrerai plus loin, les glaces ne font que changer de place aux deux pôles. Bien que cependant elles soient parfois plus considérables à l'un qu'à l'autre, il est certain néanmoins que le dégel comme la gelée se produisent graduellement, et que les débâcles qui transportent les blocs erratiques ne sont autres que celles qui ont lieu tous les ans au printemps.

Combien on doit trouver erronée la théorie d'Adhémar, si on réfléchit que le courant qui aurait emporté du nord au sud les blocs erratiques aurait dû en même temps rapporter du sud au nord les éléphants mammouths et mastodontes de la Sibérie.

(2) Ces changements n'arrivent point à la suite de soudaines révolutions, de redoutables cataclysmes, ils sont amenés par de lents et imperceptibles mouvements du sol..., ils s'accomplissent en se succédant chaque jour d'une manière inappréciable à l'œil nu, mais certaine. Par leur majestueuse lenteur, ils donnent un démenti à ce que nos théories géologiques ont de brutal..... Ce n'est point ainsi que la nature procède d'ordinaire, elle est plus calme, plus régulière dans

Comme on le voit, la différence qui existe entre les deux systemes repose sur cette idée d'Adhemar, qu'à un moment donné la terre fait une brusque culbute, tandis que Boitard n'admet qu'une oscillation lente et graduée (1).

Le transport des blocs erratiques, pour lequel Adhémar a besoin d'un courant qui entraîne et détruit tout sur son passage, se produit tranquillement (2)

ses œuvres, et, contenant sa force, opère les changements les plus grandioses à l'insu de ses créatures. Elle soulève des montagnes et dessèche les mers sans déranger le vol des moucherons ; telle révolution, qui nous semble avoir été produite par un coup de foudre, a mis peut-être des milliers de siecles à s'accomplir. C'est que le temps appartient à la terre ; elle renouvelle chaque année, sans se hâter, sa parure de feuilles et de fleurs, de même elle rajeunit, pendant le cours des âges, ses mers et ses continents, *et les promène lentement* à sa surface *suivant les lois qui nous sont encore inconnues*.

Elisée Reclus.

(1) Peut-être dira-t-on : Sans la théorie d'Adhémar, Boitard n'eût pas fait sa découverte. Je répondrais alors : Sans la révolution, Napoleon n'eût pas non plus eté empereur ; mais, ainsi que me le disait un jour un homme de grand sens, M. G. Duplessis, dont M. Sainte-Beuve fait si bien l'eloge dans son tome IX des *Causeries du Lundi* : « On pretend que les circonstances ont favorisé Napoleon ; sans doute, cela est vrai, mais ces circonstances n'existaient pas seulement que pour lui, et cependant lui seul a su en profiter.» Mais Adhemar n'a inventé que le ramollissement impossible de glaces amenant un deluge non moins impossible.

M. Babinet dit, au contraire, que la glace qui compose les montagnes voyageuses des mers du Nord est dure et compacte, et ajoute ; « Je dis que cette glace est dure et compacte, car la *Reine-Hortense* ayant essayé ses boulets sur d'insolents petits *icebergs* (*ice-bergs*, glace-montagne, montagnes de glace) qui venaient parader pres d'elle, *ne les a pas meme troublés dans leur promenade.* »

(2) Après avoir parlé de champs de glaces que les marins

aujourd'hui, comme il s'est produit tranquillement autrefois, ainsi que je vais le démontrer : Adhémar a eu connaissance, puisqu'il en parle, de la rupture,

rencontrent fréquemment dans les mers du Nord, et qui sont produits par la banquise du Groendland, M Babinet s'exprime ainsi dans la *Revue des Deux Mondes* du 1er novembre 1857, page 127 : « Les montagnes de glace flottantes ont une tout autre origine. Elles proviennent de glaciers de l'intérieur. sont exclusivement formées de glace d'eau douce*, et ont souvent des épaisseurs de plusieurs centaines de mètres, dont un huitième environ s'élève au-dessus du niveau de la mer. Quelques-uns de ces monts de glace (icebergs, eisbergs) ont près d'un kilomètre de diamètre et forment les masses mobiles les plus formidables qu'on puisse observer dans la nature**. Ce n'est que dans le bras de mer qui sépare le Groenland de l'Amérique que l'on rencontre ces *flottes* de montagnes de glace. Elles suivent le courant qui descend le détroit de Davis et plongent si profondément dans la mer, que souvent, poussées par le courant, elles vont contre le vent. »

Voici maintenant ce qu'on lit dans la *Revue contemporaine* du 30 avril 1859, pages 698, 699, dans un article intitulé : le Golf-Stream*** et les Révolutions de la mer.

L'auteur, M. F. Julien, après avoir parlé du Golf-Stream, qui se dirige vers le nord, et du courant du détroit de Davis, qui se dirige vers le sud et avec lequel il se croise, s'exprime ainsi :

« Bien que les deux masses liquides qui s'entre-heurtent soient à peu près équivalentes, l'une d'elles cependant cède et s'infléchit sous le choc : c'est celle du Golf-Stream. La ligne

* Je consigne ici ce renseignement sous toutes réserves : je ne le crois pas absolu.

PASSARD.

** Un de ces fragments de glace, dit le docteur Rinck, si on l'échouait à sec sur la côte, donnerait une montagne de plus de trois cents mètres de haut. Les explorateurs de la *Reine-Hortense* ont vu mieux encore, ils en ont vu de trois fois la hauteur du mont Valérien au-dessus de la Seine.

BABINET.

*** *Golf-Stream*, golfe-courant, courant du golfe : les Anglais nomment ainsi le courant du golfe du Mexique appelé aussi courant de Bahama.

PASSARD.

au Groënland, de plus de deux mille lieues carrées de glace qui, en 1814, 1815, 1816 et 1817, sont venues fondre dans les régions tempérées.

Or cette débâcle lente des glaces du Groënland eût dû suffire pour lui expliquer le transport normal des blocs erratiques.

Voici, au sujet de cet événement, ce qu'on lit dans une brochure intitulée : *De la rupture des glaces du*

de démarcation qui la sépare des eaux froides du courant opposé est une ligne courbe, dont la concavité regarde toujours vers le nord. C'est là que viennent s'arrêter les glaces du pôle; c'est la limite extrême qu'atteignent, sans jamais la franchir, les montagnes flottantes qui descendent en si grand nombre de la mer Glaciale, entraînées vers le sud par le courant du détroit de Davis. Soumises à l'action d'une chaleur subite et sous l'influence du brusque changement qu'elles ne tardent pas à rencontrer vers le 45e parallèle, elles se fondent et disparaissent *en précipitant au fond des eaux les amas de terre et les blocs de rochers que la débâcle arrache chaque année aux côtes d'Islande, du Spitzberg et du Groenland.* *»

« Pendant que le courant polaire, par la masse des débris qu'il entraîne, *vient ainsi contribuer à la formation et au développement des bancs de Terre-Neuve*, le Golf-Stream concourt à la même œuvre, en transportant sur ce point les innombrables dépouilles microscopiques, organismes dont ses eaux sont chargées. Aux premières atteintes du froid, périssent toutes les richesses vivantes que le courant de Bahama reçoit des zones tropicales. Les débris de leurs imperceptibles coquilles s'amoncellent sans cesse; ce n'est qu'une pluie fine d'abord, ce n'est qu'un nuage, il est vrai, mais, comme la neige qui tombe sans relâche, ces continuels dépôts finissent avec le temps par combler les abîmes.

* On peut rapprocher de ce passage ce que, page 55 de l'*Angleterre avant les hommes*, Alphonse Esquiros dit sur le même sujet.

Buffon, suivant Capelle, *Dict. d'éducation*, a dit aussi: « Portant les yeux jusqu'aux extrémités du globe, je vois ces glaces énormes se détachant des continents des pôles et venant, comme des montagnes flottantes, se fondre dans les régions tempérées.

pôle arctique, par A. A....., 1818, pages 13 et suivantes :

« Dans les mois d'été de 1815, et plus particulièrement ceux de 1816 et 1817, il a été observé par des bâtiments venant des Indes occidentales et par ceux qui allaient à Halifax et à Terre-Neuve, qu'un grand nombre d'îles de glace d'une étendue prodigieuse se présentaient dans l'océan Atlantique jusqu'au 40e degré de latitude nord. Quelques-unes de ces montagnes de glace avaient de cent à cent trente pieds d'élévation au-dessus de la surface de la mer, et plusieurs milles de circonférence ; d'autres masses plates présentaient une surface si étendue, qu'un vaisseau venant de Boston s'y trouva embarrassé pendant trois jours dans les parages du grand banc de Terre-Neuve.

» Le vaisseau suédois les *Frères-Unis*, allant l'année dernière (1817) au Vieux-Groënland avec des missionnaires, resta pendant onze jours embarrassé parmi ces montagnes et ces masses énormes de glace, près des côtes du Labrador ; la plupart de ces masses, sur quelques-unes desquelles les marins sont descendus, étaient couvertes de *fragments de rochers*, de gravier, de terre végétale et de débris de bois.

» Le paquebot d'Halifax du mois d'avril 1817 a passé devant une montagne de glace qui avait près de deux cents pieds hors de l'eau, et pas moins de deux milles de circonférence (plus d'une demi-lieue de tour).

» Dans le mois de juin de la présente année (1818), un sloop anglais a rencontré en mer, à 46° de latitude nord, d'énormes masses de glace qui paraissaient enveloppées d'une vapeur bleuâtre ; quelques-uns des points de ces masses s'élevaient à cinq cent quarante pieds de haut ; l'eau en coulait par torrents.

« Le brick le *Rurick* (que commandait le lieutenant Kotzebue), parti du port de Cronstadt en 1815, est rentré dans ce port le 31 juillet dernier. Ce jeune navigateur, plein d'intelligence, est, dit-on, parvenu à une haute latitude. Il a aussi rencontré une île flottante ou une énorme montagne de glace dont l'aspect a causé à son équipage le plus grand étonnement. Cette masse extraordinaire était en partie couverte de terre, d'arbres et de productions végétales; il y coulait des ruisseaux qui, resserrés entre les bords formés par la concrétion de matières terreuses, en arrosaient toute l'étendue. On a débarqué sur cette côte flottante, et on y a trouvé des restes de mammouth en putréfaction. On en a rapporté un grand nombre de dents et d'autres débris considérables de la carcasse de ces monstrueux animaux. Il est vraisemblable qu'ils s'étaient conservés depuis bien des siècles dans un état de congélation, jusqu'au temps où la masse de glace qui les enveloppait, détachée par quelques secousses, s'est fondue à mesure qu'elle atteignait une latitude plus méridionale. »

Voici encore un passage de la même brochure dans lequel on cite, sur le même sujet, un fragment du rapport d'un officier de marine, qui s'exprime ainsi :

« Dans mon dernier voyage (1817), j'ai observé environ deux mille lieues carrées (ou 18 mille milles carrés) sur la surface du Groenland, entre le 74e et le 80e parallèle, entièrement dépourvues de glace; cette disparition a eu lieu dans les dernières années, etc. »

On voit que ces montagnes de glace transportent avec elles des blocs de rochers, c'est-à-dire des blocs erratiques comme on en trouve en Angleterre, en Lombardie et ailleurs, et dont fait mention Adhémar.

Veut-on maintenant savoir quel déluge a accompagné cette débâcle dont il vient d'être parlé? Qu'on ouvre la même brochure, page 12, et on y lira ce qui suit :

« *L'événement dont je m'occupe s'est accompli si tranquillement*, qu'il serait resté inconnu si les changements extraordinaires aperçus dans les glaces arctiques par des navigateurs intelligents et rapportés par eux, et si les quantités extraordinaires de glace qu'ils ont observées dans l'Océan Atlantique n'avaient donné lieu a faire de sérieuses réflexions. »

C'est ainsi, en effet, que se sont passés et que se passent encore les changements qui ont transformé la surface du globe. La théorie de Boitard est la seule naturelle, car elle explique tous les phénomènes de la nature, sans qu'il soit nécessaire de supposer des révolutions brusques, qui sont en dehors des lois qui régissent l'univers.

Dans son *Voyage dans les landes de Gascogne*, M. le baron de Mortemart-Boisse dit avec raison, page 17, que le travail de destruction de l'Océan épouvante.

Quant a moi, je dirai : La mer transforme la superficie terrestre de six manières différentes :

1° Par abandon de son lit;

2° Par envahissement de l'eau;

3° Par envahissement des glaces;

4° Par envahissement du sable (1);

5° Par le travail des madrépores ;

(1) Le baron de Mortemart-Boisse, dans son *Voyage dans les landes de Gascogne*, parle des bourgs de Bias et de Mimazan ensevelis sous le sable, de la ville de Bannow, en Irlande, également envahie par le sable de la mer. N'avons-nous pas aussi dans ce moment même à réparer le port de Fecamp, envahi récemment par les galets, où il n'y a pas moins de 800,000 francs de degats! Combien d'autres événements du même genre se passent dans d'autres contrees, et qui sont ignorés!

6º Par la précipitation *sédimenteuse* des zoophytes, des foraminifères et des mollusques qui l'habitent.

Voilà le vrai déluge, les vraies revolutions du globe.

A ces puissants moyens de transformation, il faut encore ajouter ceux-ci :

1º Les volcans (1) ;

(1) Voici ce qu'en confirmation de cette pensée et de la note ci-contre, on lit dans le tome Ier. page 119, du *Nouveau discours sur les revolutions du globe* d'Ajasson de Grandsagne, déjà cite :

« En 1819 (avril), île de Sumbava, apres l'éruption terrible qui, des 5, 11 et 12 avril, se prolongea jusqu'en juillet, et dont on entendit des détonations jusqu'à Sumatra, qui en est à plus de 350 lieues en ligne droite, et à Ternate, qui en est à 250 lieues dans la direction opposée, il y eut des secousses violentes; le long des côtes, la mer s'eleva de 2 à 12 pieds, une vague considerable se precipita dans les embouchures de la riviere et se retira tout à coup. le banc de Bima, qui, quelques mois auparavant, avait six brasses d'eau, se trouva à sec, malheureusement on ignore si cette elevation du sol est due aux cendres que vomissait le cratere, ou si elle fut l'effet d'une secousse qui souleva le terrain. En revanche, dans la direction opposée au banc de Bima, la mer se porta avec une violence inouie, submergea la ville de Tomboro, s'etendit jusqu'au pied du volcan, et aujourd'hui on trouve 18 pieds de profondeur dans les endroits où il n'y avait pas d'eau auparavant.

Remarquons, ajoute l'auteur, que cette éruption et ce tremblement si epouvantables et si vastes dans leur effet, puisqu'ils embrasserent une circonference de près de 1,000 lieues, que les cendres volerent jusqu'à plus de cent lieues de distance, et que sur les 12,000 habitants de l'île, 24 seulement echapperent à la mort, cette éruption et ce tremblement, disons-nous, auraient passe presque inaperçus, si un savant, Rafles, alors gouverneur de Java, n'eut rassemblé de tous côtes, par voies officielles, tout ce qu'il put se procurer de renseignements sur ce desastre. Qu'on juge par là de la quantite d'evenements de ce genre qui doivent avoir eu lieu depuis les temps historiques, et qui ont change la face de la terre, sous les yeux de l'espèce humaine, sans que l'espece humaine s'en soit doutée

2° Les inondations, comme celles de la Loire ;

3° Les atterrissements à l'embouchure des fleuves (1),

Le déluge : c'est l'engloutissement de Noviomagus par la mer, le golfe de Gascogne, aujourd'hui vaste nécropole, l'engloutissement d'une ancienne ville pres de Nantes, de Régneville en Normandie (2), de l'isthme qui joignait autrefois l'Angleterre à la France (3), du village de Saint-Denis-chef-de-Caux, pres du Havre, d'un village à l'embouchure de la Somme, dont quelques vieillards qui vivaient encore il y a peu de temps ont vu tomber les dernières maisons ; ce sont les cotes des Pays-Bas,

(1) Par suite du mouvement conique de la terre, la mer, dans certaines contrées, abandonne son lit ; mais ordinairement, à l'embouchure des fleuves, elle est chassee par les alluvions.

Sur les côtes de Hollande, il y a lutte entre la mer d'un côté, et le Rhin et la Meuse de l'autre; à mesure que les alluvions de ceux-ci se forment, la mer les détruit en partie.

(2) La marée de la fin du mois dernier a causé de grands ravages sur les côtes de Pontorson (Manche). Les communes *ordinairement tributaires du fleau* : Moidrey, Beauvoir, Ardevon, Huismes, ont éte cette fois terriblement éprouvees. Les digues ont ete emportees et la mer y a creusé des trouées de plus de *cent metres* dans plusieurs endroits. on ne se rappelle pas de semblables degats depuis la terrible maree de 1817.

Siècle, 16 mars 1865.

(3) Plusieurs antiquaires disent que les îles Normandes étaient autrefois rattachées à notre continent, et que le souvenir de la catastrophe qui les en aurait separées est confirmé dans de vieilles chartes.

On lit dans le *Siecle* du 6 janvier 1864 :

« On mandait de Honfleur, 2 janvier :

« Plusieurs marins affirment que le courant de la Seine a pris son cours vers le Sud ; du reste, l'abaissement de nos atterrissements le faisait pressentir depuis longtemps. »

rongées par la mer au fur et à mesure que l'Escaut, la Meuse et le Rhin y apportent leurs alluvions; c'est l'Océan envahissant le Zuyderzée en l'an 1225 (1), la

(1) Voici ce qu'on lit dans Masselin, *Dictionnaire géographique*, tome II, page 813 :

« Zuiderzee ou Zuyderzee, *Austrinus sinus*, golfe de la mer du Nord (royaume des Pays-Bas)........ ....

Il fut, dit-on, formé en 1225 par une irruption de l'Océan. qui engloutit un grand nombre de villages. Le nom de *Flevo-Lacus* que lui donnaient les anciens, fait présumer qu'il était d'abord un grand lac, dont la mer aura fini par détruire les bords par ses empiétements, les écueils et les bancs de sable qui semblent le séparer encore de l'Océan confirment cette opinion. »

Voici également ce qu'on lit dans Delaméthrie, tome V, pages 297 et suivantes, à propos de déluges qu'il attribue à l'impétuosité des vents :

« Nous avons des déluges modernes, dont les détails nous sont parvenus avec plus d'exactitude que les déluges anciens, mais ce ne sont pas les causes que nous venons de voir qui les ont produits.

» Les uns sont les effets de vents violents qui, soufflant de la pleine mer sur la terre, soulèvent les flots, les élèvent à plusieurs pieds, et submergent ainsi tous les pays peu élevés au-dessus du niveau des mers.

» En 1164, il y eut un déluge si considérable dans la Frise, que toutes les côtes maritimes furent submergées avec plusieurs milliers d'hommes.

» En 1218, il y eut une autre inondation qui fit périr près de 100,000 hommes, aussi bien qu'en 1530.

» Il y a plusieurs autres exemples de pareilles inondations, comme celle de 1604 en Angleterre. (Buffon, tome II, in-12, page 450)

» En 1646, une pareille irruption fit périr plus de 100 000 personnes sur le territoire de Dordrecht, et plus de 100,000 autour de Dullart. En Frise, en Zelande, il y eut plus de deux ou trois cents villages submergés. On voit encore les sommets de leurs tours et les pointes de leurs clochers qui s'élèvent un peu au-dessus des eaux. (*Ibid.* page 424.)

» En 1682, il y eut une pareille inondation dans la province de Zélande, qui submergea plus de trente villages, et causa la perte d'une infinité de monde et de bestiaux, qui furent

Baltique se desséchant, la Suède autrefois une île (1) sortie de la mer et devenue une presqu'île rattachée maintenant au continent européen par la Finlande, qui n'est encore qu'un marais, c'est le golfe de Bothnie se rétrécissant tous les jours (2), le Spitzberg, le Groënland et l'île de Jean Mayen envahis par les glaces du pôle ; c'est l'Islande menacée du même sort, le courant du détroit de Davis et le Golf-Stream formant le banc de Terre-Neuve, le Mississipi comblant le golfe du Mexique où, par les innombrables quantités de bois et de végétaux qu'il y entraîne, il forme de futurs bancs de charbon de terre et de tourbe ; c'est la mer abandonnant son lit de l'Amazone à l'Orénoque, où les millions d'arbres que la marée y charrie en tous sens y produiront également des bancs de charbon de terre ; ce

surpris la nuit par les eaux. Ce fut un bonheur pour la Hollande que *le vent du sud-est gagnât sur celui qui était opposé*, car la mer était si enflée que les hautes eaux étaient de dix-huit pieds plus hautes que les terres les plus élevées de la province, à la réserve des dunes.» (*Ibid.*, p. 126.)

On lit, pages 206 et 207 de la *Géographie du royaume des Pays-Bas*, par Dewez, Bruxelles, 1825, in-12, qu'à Dombourg, dans l'île de Walcheren, dans les inondations de 1617, 1618, 1687 et 1706, les dunes furent découvertes et les sables emportés, et qu'on trouva au pied des dunes des statues, des inscriptions, des urnes, des maisons et des tombeaux, monuments certains d'une haute antiquité.

(1) Jornandès, évêque de Ravenne, Goth de nation, a dit que les Goths étaient sortis d'une grande île nommée SCANZIA (la Scandinavie.)

(2) Une observation intéressante qu'on a faite, c'est que, dans le *golfe de Bothnie*, entre la Suède et la Finlande, la profondeur des eaux diminue très-considérablement. Dans beaucoup de contrées, le rivage du golfe s'est accru de deux lieues de large, et des îles jusque-là inconnues s'y sont formées pendant les cent dernières années.

CHAUCHARD et MUNTZ. 654, 655.

sont les amas d'herbes que l'on rencontre dans le voisinage des îles du cap Vert, ou ils formeront plus tard d'immenses quantités de tourbe (1) ; ce sont les madrépores, les bancs de coquilles, les volcans sous-marins qui bouleversent constamment et *sans relâche* le lit de la mer ; ce sont les tremblements de terre comme celui de l'île de Sumbava mentionné page 57 (2); ce sont les îles qui, dans l'Australie, sortent constamment du sein des eaux; c'est un lac qui se dessèche dans la Chine (3) ; ce sont les steppes de la mer d'Aral, de la mer Caspienne (4) et de toute la Russie couvertes de coquilles marines, ce qui prouve que ces

(1) Après avoir parlé du courant du Golf-Stream autour de l'Atlantique, M. Julien s'exprime ainsi dans la *Revue contemporaine* du 30 avril 1859, page 700 :

« De même que, dans un bassin circulaire où l'eau a reçu une première impulsion giratoire, tous les corps légers et flottants viennent se réunir au centre, de même au milieu grand circuit dont nous venons de signaler la marche autour des continents, nous devons rencontrer une région isolée de l'action du courant, et vers laquelle aboutissent les plantes, les bois de dérive et les débris de toute espèce que les eaux de la mer charrient constamment avec elles

» Tel est le spectacle que nous offre en effet le grand banc de varechs, flottant et immobile depuis des siècles dans l'espace triangulaire compris entre les Açores, les Canaries et les iles du cap Vert. C'est la mer de Sargasse, c'est l'épaisse couche de *fucus natans*, au milieu de laquelle les intrépides explorateurs de l'Atlantique ne s'aventurèrent d'abord qu'avec terreur. Si abondantes et si serrées sont les masses d'herbes qui s'y trouvent amoncelées, que leur résistance seule est capable d'arrêter la marche des navires. »

(2) On lit dans la *Revue britannique*, décembre 1831, p. 212, que des voyageurs admirèrent (dans l'Inde), la ville antique de *Mahabalipores*, longtemps cachée par l'Océan, mais laissant apercevoir encore, lorsque la marée baissait, des pagodes entières et des palais inhabités depuis des siècles.

(3) Voir *Voyage à Peking*, par Timkowski, 2 vol. in-8°. Paris, 1827,

(4) Voir Delaméthérie, tome V, page 290.

contrées étaient autrefois couvertes par la mer (1); ce sont les mers d'Aral, Caspienne et d'Azoff se desséchant; c'est le Nil, le Pô (2) et le Rhône envahissant la Méditerranée par leurs alluvions; c'est la ville d'Hadria, autrefois port de l'Adriatique, à laquelle elle a donné son nom, et qui en est maintenant éloignée de plusieurs lieues; c'est Venise qui s'envase et se rattache tous les jours de plus en plus

(1) En s'éloignant de la chaîne (ouralienne), on voit les couches calcaires s'aplanir assez rapidement, prendre une position horizontale et *devenir abondantes en toutes sortes de coquillages, de madrépores et d'autres dépouilles marines*. C'est ainsi qu'elles se présentent au pied des montagnes comme aux environs de la rivière d'Ouffa, l'on peut même dire qu'elles occupent toute l'étendue de la Grande-Russie, tant en collines qu'en plat pays, soit sous une forme solide et compacte, soit en état de gravier, tout composé de coquilles et de madrépores brisés, soit enfin en état de dissolution crayeuse et marneuse, et souvent entremêlés de cailloux roulés. (Alph. RABBE, *Géographie de Russie*, tome Ier, 1re partie, in-18, 1828, p. 63.)

C'est un fait désormais incontesté, qu'une grande mer s'étendait autrefois du Pont-Euxin à l'Océan glacial : La mer Caspienne, la mer d'Aral, les innombrables lacs parsemés dans les plaines d'Astrakan et de la Tartarie, sont les restes de cette antique Méditerranée d'Asie, non moins grande que notre Méditerranée européenne. Les traces diverses laissées sur le sol pendant les périodes géologiques *récentes*, les amas de coquillages, les bancs de sel épais au milieu des steppes, ne permettent pas de mettre en doute le long séjour des eaux marines dans ces plaines aujourd'hui desséchées, *et l'on peut même reconnaître en grande partie* les falaises que venaient battre autrefois les eaux de l'océan disparu...... Dans ces plaines abandonnées par la mer, on rencontre çà et là des bancs considérables de coquillages identiquement semblables à ceux qui habitent aujourd'hui la Caspienne.

Elisée RECLUS.

(*Revue des Deux Mondes*, 1er août 1861.)

(2) CUVIER. *Révolutions du globe*.

à la terre ferme; c'est Aigues-Mortes, autrefois port de mer, où s'est embarqué saint Louis pour la Terre-Sainte, et qui est maintenant a plusieurs kilomètres dans les terres; ce sont les sables du Sahara envahissant l'Egypte, engloutissant des caravanes entieres et des monuments comme le Sphinx ou des mosquées musulmanes dont, suivant Cuvier, on voit encore les sommets des minarets (1); ce sont ceux de la Libye anéantissant l'armée de Cambyse et auxquels pas un seul soldat n'a échappé. Qu'on interroge ces sables, et qu'on leur demande si c'est à une pluie diluvienne ou a un débordement de la mer qu'est dû ce désastre, et ils répondront non ! C'est nous qui avons tout englouti et qu en engloutirions bien d'autres si on nous en donnait en pâture. Enfin le déluge, comme l'a dit Boitard et comme je l'ai répété cent fois d'après lui, c'est le mouvement conique de la terre déplaçant l'empire de Neptune, changeant les cours des fleuves et les courants sous-marins, et métamorphosant le globe de cent mille manières.

(1) Cuvier, *Révolution du globe.*

DES MOUVEMENTS
DE
LA TERRE SUR ELLE-MÊME
ET AUTOUR DU SOLEIL

APPENDICE A BOITARD ET SA THÉORIE

Le 8 mai 1864, je recevais la lettre suivante :

Baugé, 7 mai 1864.

« MONSIEUR,

» Après avoir lu les deux volumes de ***, intitulés *** et ***, je me suis empressé d'acheter l'ouvrage que vous avez publié sous les titres de : *l'Angleterre avant les hommes*, par Esquiros; *Il n'y a que deux Règnes*, par Joubert; *l'Impossibilité du feu central*, par vous, etc.

» J'ai lu cet ouvrage avec la plus grande attention et le plus vif intérêt, et je souhaiterais maintenant avoir celui de Boitard, intitulé *l'Univers avant les hommes*, pour achever de me convaincre.

» Je croyais déjà fort peu à l'existence d'un feu central, je n'y crois plus du tout; cependant, il est deux difficultés que mon esprit ne peut surmonter :

» Pourquoi, si le granit est le noyau de notre planète, s'en trouve-t-il tant, çà et là, à sa surface ?

» Pourquoi, puisqu'il n'y a pas de feu central, le thermomètre monte-t-il d'un degré par trente-trois mètres environ à mesure que l'on pénètre dans les entrailles de la terre ?

» Seriez-vous assez bon pour me donner la solution de ces questions, en m'adressant l'ouvrage de feu Boitard ?

» Agréez, Monsieur, etc.

« T. Prieur Duperray,

» Propriétaire à Baugé (Maine-et-Loire). »

Immédiatement après la réception de cette lettre, je m'empressai de satisfaire à la demande de M. Prieur-Duperray, en lui envoyant l'exemplaire qu'il me demandait de *l'Univers avant les hommes*, et quatre jours après, le 12 mai, je lui adressais une lettre (1) dans laquelle je lui expliquais la présence du granit à la surface du globe, et comment la chaleur n'augmente nullement d'un degré par trente-trois mètres en descendant dans l'intérieur du globe; et le 16 mai, M. Prieur-Duperray m'adressait cette nouvelle lettre en réponse à la mienne :

Monsieur,

Je ne saurais trop vous remercier de la peine que vous avez prise pour me donner les explications que j'avais eu l'indiscrétion de vous demander.

Rien de plus clair, de plus aisé à comprendre, de plus satisfaisant pour l'esprit. . . . .
. . . .

Une seule chose m'embarrasse, me préoccupe vive-

(1) Insérée dans mon *Almanach liégeois illustré.*

ment : c'est comment se produit ce troisième mouvement conique de la terre en 25,868 *ans autour du soleil* ; je voudrais bien pourtant pouvoir le comprendre, il explique tant de phénomènes jusqu'alors inexplicables.

J'ai beau prendre en main la toupie de mes enfants, la faire tourner lentement et comme en mourant, autour d'un soleil supposé, tel qu'une orange, je ne puis voir toujours que deux mouvements. l'un de rotation sur elle-même en 24 heures, l'autre de gravitation autour du soleil en 365 jours (1). C'est pourquoi, Monsieur, lorsque j'irai à Paris, en septembre ou octobre prochain, j'aurai l'honneur d'aller vous voir et vous prierai de vouloir bien être assez bon pour me l'expliquer, et me faire comprendre, s'il se peut, la manière dont ce troisième mouvement s'opère.

J'y crois puisque la science l'admet ; mais mon intelligence ne peut toute seule parvenir à se le figurer clairement, malgré la planche qui accompagne la théorie de Boitard, page 119, de *l'Univers avant les hommes*, et, page 95, des *Révolutions du Globe*.

Je vous réitère, Monsieur, mes remercîments bien sincères, etc.

Quelque temps après la réception de cette lettre, j'adressais un mot à M. Prieur-Duperray, dans lequel je lui disais brièvement, et sans autre explication, que ce n'est pas d'une toupie, mais d'une pomme dont il faut se servir pour comprendre le mouvement conique du globe, parce que la toupie n'étant pas ronde, il n'est pas aussi facile de s'en rendre compte ; j'ajoutais que, du reste, je me proposais d'en donner prochainement l'explication.

(1) Voir la note, p. 68.

Le 30 septembre suivant, M. Prieur-Duperray, répondant à cette dernière lettre, m'écrivait de nouveau ce qui suit :

Monsieur,

. . . .

Vous ne sauriez mieux faire que de donner aux nombreux lecteurs de votre ami Boitard les explications nécessaires pour comprendre ce mouvement conique du globe, qui explique tant de phénomènes jusqu'alors incompris, et d'appuyer vos explications par des dessins indispensables pour bien comprendre ce mouvement.

Que n'ai-je sous les yeux les dessins que M. Boitard montra au comte d'Angeville, et qui firent celui-ci s'écrier avec enthousiasme et admiration : « O Boitard! Boitard! je ne vous vais pas à la hauteur de la cheville! »

Espérons, Monsieur, que vous pourrez vous les rappeler, ces fameux dessins, et les reproduire de manière à me causer le même enthousiasme (1).

Que ce soit avec une toupie ou avec une pomme, je ne puis me rendre compte de ce troisième mouvement, et me dis toujours : comment notre planète, qui fait le tour du soleil en 365 jours, emploie-t-elle 25,868 ans pour faire ce même tour (2) !

(1) Je n'ai jamais vu les dessins en question, ni rien su à leur sujet, autre que ce que j'en ai rapporté, page 35 du *Quinzième déluge*; mais un ouvrage qui m'est tombé sous les yeux, et ce que j'ai pu glaner de côté et d'autre m'ont fait supposer ce qu'ils pouvaient être comme on le verra plus loin.

(2) Si on ne savait qu'un mouvement du globe déplace les deux moitiés de son ellipse, qui sont tour à tour de même grandeur et tour à tour plus grandes l'une que l'autre, il suffirait

Cette difficulté, insurmontable pour moi et probablement pour tant d'autres, est assurément la plus importante, et nous attendons avec impatience que vous veuilliez bien vous donner la peine de l'aplanir.

. . . .

Agréez, Monsieur, etc., etc.

Voici maintenant la lettre que j'adressai le 26 juillet 1865 à M. Prieur-Duperray, en réponse à la précédente :

Paris, le 26 juillet 1865.

Monsieur,

Me proposant de publier prochainement les divers renseignements sur la présence du granit à la surface du globe et sur la chaleur interne de la terre que vous m'avez fait l'honneur de me demander il y a une quinzaine de mois, et d'y joindre ceux que vous m'avez demandés depuis sur les divers mouvements de la terre autour du soleil, je vous adresse ces derniers dont, jusqu'à ce moment, je n'avais pas eu le temps de m'occuper.

Avant toute chose, pour vous faire bien comprendre le mouvement conique du globe, j'ai besoin de vous entretenir de son mouvement diurne ou de 24 heures, et de son mouvement annuel ou de 365 jours, bien que vous les connaissiez déjà et vous en rendiez parfaitement compte.

Je commencerai par vous faire observer que pour

de se rendre compte que la terre se balance tantôt à droite, tantôt à gauche, en avant et en arrière, pour comprendre les effets de son mouvement conique et comment par ce balancement elle présente successivement chacune de ses parties aux rayons solaires, et cela sans qu'il fût besoin d'autre explication.

Voir, pour le complément de ces observations, la note de la page 73 et la figure en regard du titre.

que la terre fasse en 365 jours le tour de l'ellipse que Dieu lui a tracée autour du soleil, il faut qu'elle franchisse chaque jour une 365e partie ou fraction de cette ellipse, ce qui veut dire qu'au moment où le soir, à minuit, elle termine le premier jour de l'année, par exemple, elle n'est plus à la place ou elle était le matin à 0 minute au moment où elle l'a commencé, de sorte que tout en faisant un tour sur elle-même en 24 heures, elle fait en même temps un pas sur l'ellipse que Dieu lui a donnée a parcourir en un an. Les deux mouvements se font donc simultanément et sans que l'un contrarie l'autre. Il en est de même du mouvement elliptique annuel et du mouvement elliptique ou conique de 25,868 ans. Tous deux peuvent se combiner parfaitement, sans que l'un nuise à l'autre, comme vous allez pouvoir en juger vous-même par les renseignements qui vont suivre.

Si la terre, lorsqu'elle finit un jour ou un mois, n'est plus à la place où elle était lorsqu'elle les a commencés, il est raisonnable de penser qu'elle peut aussi, lorsqu'elle finit une année, ne plus être à la place ou elle était lorsqu'elle l'a commencée, et qu'elle peut avoir déjà parcouru un 25,868e de l'ellipse que Dieu lui a donnée a parcourir en 25,868 ans, de sorte qu'aprés avoir ainsi pendant 25,868 ans fait chaque année un pas d'un 25,868e sur cette ellipse, elle (la terre) se trouve l'avoir parcourue en entier en 25,868 fois, comme elle se trouve l'avoir parcourue en entier en un an ou 365 jours.

Un autre exemple, qui me vient à l'idée en vous écrivant : *Qui peut le plus peut le moins*, dit la sagesse des nations. Or, si Dieu a voulu que la terre pût tourner 365 fois sur elle-même en un an, il aurait pu vouloir aussi qu'elle n'y tournât que 12 fois. S'il a voulu qu'en 25,868 ans elle fît 25,868 fois le tour du soleil, il aurait pu vouloir aussi qu'elle ne le fît que 26 fois. S'il a voulu que pendant que la terre ferait 25,868 fois le tour du soleil, elle fît en même temps un autre tour autour de cet astre, il aurait pu vouloir aussi qu'elle fît ce dernier tour pendant qu'elle n'en ferait que 25 autres seulement.

Ceci posé, veuillez maintenant vous transporter par la pensée dans une salle de bal ronde ou elliptique.

Placez maintenant, toujours par la pensée, au milieu de cette salle et à demi-hauteur d'homme un lustre qui vous représentera le soleil.

Placez autour de cette salle 26 fauteuils numérotés de 1 à 26, dans lesquels vous ferez placer 26 jeunes filles.

Priez maintenant un jeune homme, qui vous représentera la terre, de vouloir bien entrer dans cette salle et d'inviter la jeune fille qui occupe le fauteuil n° 1 à faire un seul tour de cette salle en valsant avec lui et en tournant douze fois sur eux-mêmes en faisant ce tour.

Priez maintenant ce jeune homme de reconduire sa valseuse au fauteuil n° 1 qu'elle occupait avant de valser avec lui, et d'inviter la suivante, c'est-à-dire celle qui occupe le n° 2, et de faire avec celle-ci absolument le même trajet qu'il a fait avec la première : c'est-à-dire un tour de la salle en tournant 12 fois sur eux-mêmes, et ainsi de suite pour les 24 autres, et vous aurez une idée du mouvement conique du globe autour du soleil (1).

(1) Un troisième exemple . prenez un cerceau d'enfant ou tout autre, divisez-le en 365 parties; prenez une pomme ou tout autre objet qui, en faisant un tour sur lui-même, cou-

Vous comprenez, je pense, monsieur, que lorsque notre jeune homme a eu valsé avec sa première valseuse, il avait déja tourné douze fois sur lui-même comme la terre tourne 365 fois sur elle même en un an, et une fois seulement autour de la salle comme la terre tourne seulement une fois en un an autour du soleil, et que cependant il n'avait encore fait que la 26e partie du tour qu'il avait à faire de cette même salle, pour inviter successivement chacune des 26 jeunes filles à valser avec lui, comme en mille ans environ la terre ne fait que la 26e partie du mouvement conique qu'elle doit faire autour du soleil en 25,868 ans, ou près de 26,000 ans; et qu'enfin, lorsqu'il a eu fini, il avait tourné 312 fois sur lui-même, comme la terre tourne 9,448,287 fois sur elle même en 25,868 ans, en tenant compte des années bissextiles qui arrivent une fois tous les quatre ans; et qu'en valsant avec les 26 jeunes filles, il avait fait 26 fois le tour de la salle comme la terre fait 25,868 fois le tour du soleil en 25,868 ans ou prés de 26 siécles, et que cependant il n'avait fait qu'un seul tour autour de la salle pour inviter successivement et tour à tour chacune des 26 jeunes filles qui en occupaient les 26 fauteuils, comme la terre ne fait qu'un seul tour autour du soleil en 25,868 ans pour ac-

vre l'une de ces 365 parties; faites-le tourner 365 fois sur lui-même en avançant toujours sur ce cerceau, et vous aurez une idee des mouvements diurne et annuel de la terre. Subdivisez maintenant ce cerceau en 25,868 parties comme on divise un metre en decimetres, centimetres et millimetres, et dites-vous que, tous les ans, apres avoir parcouru son mouvement annuel, la terre franchit une de ces 25,868 parties, de maniere à les franchir toutes en 25,868 ans, et vous aurez une idee de la maniere dont peuvent se produire deux et meme trois mouvements du globe à la fois.

complir son mouvement conique autour de cet astre (1).

(1) Ainsi que je le dis page 68, je n'ai jamais vu les dessins de Boitard sur les mouvements de la terre autour du soleil, et il est essentiel de remarquer que ma lettre à M. Prieur-Duperray n'avait pour but que de lui démontrer la possibilité de ce qu'il croyait impossible, c'est-à-dire la simultanéité d'un mouvement annuel et d'un mouvement en 25,868 ans du globe autour du soleil, mais comme les planètes ont des mouvements qui ne sont qu'apparents, il serait possible, que, quant à la translation, ce dernier fut de ce nombre, et qu'il n'y eût de réel que le balancement, c'est-à dire que la terre exécuterait son mouvement annuel pendant

2,255	ans environ	inclinée	à l'ouest,
2,255	—	—	à l'ouest-sud,
2,255	—	—	au sud-ouest,
2,255	—	—	au sud.
2,255	—	—	au sud-est,
2,255	—	—	à l'est-sud,
2,255	—	—	à l'est,
2,255	—	—	à l'est-nord,
2,255	—	—	au nord-est,
2,255	—	—	au nord.
2,255	—	—	au nord-ouest,
2,255	—	—	à l'ouest-nord.

Si la terre ne tournait pas ainsi, comment se ferait-il que, parcourant une ellipse, elle aurait un cercle pour pôle dans le ciel? Pour décrire un cercle, il faut qu'elle se balance aussi bien du sud au nord et du nord au sud que de l'est à l'ouest, et que son mouvement elliptique se déplace. On voit qu'il y a ici quelque chose de mal défini encore, ce qui n'est pas surprenant, car si les savants sont d'accord sur l'existence du mouvement conique, ils ne le sont pas sur sa durée que Cuvier porte à 25,920 ans. Boitard à 25,868, et que les globes Delamarche-Grosselin fixent à 25,870 ans. Sur l'observation que j'en fis un jour à M. Grosselin, il me répondit que la découverte de ce mouvement étant comparativement récente, il n'avait pas encore été suffisamment étudié pour qu'on fut définitivement fixé sur sa marche, pourtant, comme on l'a vu, il remonte à Hipparque. mais peut-être les observations sur ce mouvement sont-elles récentes.

Plus tard, je renseignerai mes lecteurs sur ce que j'aurai appris de nouveau sur ce sujet.

Figurez-vous maintenant nos jeunes gens se balançant, comme on le fait ordinairement en valsant, et vous aurez une idée du balancement de la terre en opérant son mouvement conique, de sorte que, comme vous pouvez le penser, rien mieux que la valse ne peut donner une idée des mouvements que fait notre planete autour de l'astre qui nous éclaire.

Ce n'est pas tout: figurez-vous encore que la salle où ont valsé nos jeunes gens était assez grande ou assez longue pour qu'au lieu d'être horizontal, le parquet fût sur un plan incliné comme la pente d une montagne, par exemple, de manière à ce qu'un bout de ce parquet pût être à la hauteur du lustre, tandis que, par rapport au centre où, comme je vous l'ai dit, le lustre devait être à demi-hauteur d'homme, l'autre extrémité fût aussi basse que la première était élevée; comme qui dirait une planche sur laquelle deux enfants joueraient à la bascule. Figurez-vous que nos jennes gens valsaient sur ce parquet ainsi incliné, si cela leur était possible, de manière à ce que lorsqu'ils étaient au bout le plus élevé, ils aient dominé le lustre comme la terre domine le soleil le 21 décembre, au solstice d'hiver, de manière également à ce qu'ils aient été à peu près à la hauteur du lustre lorsqu'ils arrivaient au centre, et qu'ils se trouvaient vis-a-vis, comme la terre est à la hauteur du soleil aux 21 mars et 21 septembre, c'est-à-dire aux équinoxes du printemps et de l'automne; de manière, enfin, à ce que lorsqu'ils étaient au bas du parquet, ils aient été dominés par le lustre, comme la terre est dominée par le soleil le 21 juin, au solstice d'été.

Ces divers mouvements de nos jeunes gens sur eux-mêmes, autour de la salle, descendants ou ascendants, et de balancement de côté et d'autre, sous toutes les faces, peuvent vous donner une idée des mouvements que Dieu a imprimés à la terre pour lui permettre de recevoir successivement et à diverses époques, et pendant des périodes de temps plus ou moins longues, les rayons solaires qui viennent ainsi successivement vivifier chacune de ses parties : 1°, pendant quelques heures d'abord par sa rotation diurne ou de 24 heures ; 2°, pendant quelques mois ensuite par sa translation annuelle autour du soleil, pour permettre aux plantes de croître successivement sur chaque partie de sa surface, les pôles exceptés, raison pour laquelle, comme je l'ai déjà dit, ceux-ci sont aplatis, c'est-a-dire moins élevés que le reste du globe, la végétation y étant presque nulle (1) ; 3°, et enfin, pendant quelques milliers d'années par son mouvement appelé conique, pour permettre aux plantes des divers climats et des diverses latitudes de croître successivement dans chacune de ses diverses contrées, ce qui explique pourquoi, aux divers étages du globe on trouve des botaniques, des flores et des faunes différentes, suivant les différents âges géologiques, et pourquoi, comme l'a dit Boitard dans l'*Univers avant les hommes*, on a trouvé des cocotiers dans les entrailles de la terre, à Meudon, et pourquoi, dans la suite des temps, il y en

(1) Dans les zones glaciales, la nature est plongée dans un triste repos et dans un profond engourdissement. . La zone torride, exposée aux rayons du soleil, offre tantôt des régions sèches et brulées, tantôt la plus magnifique végétation ; c'est le climat des fruits les plus savoureux, des fleurs les plus éclatantes, des forêts parées d'une éternelle et admirable verdure.

CORTAMBERT,

(Cours de géographie, 5e édition. page 12.)

aura encore, et pourquoi enfin nos contrées ont pu être habitées par la race nègre (1).

Ainsi que vous pouvez en juger, celui qui a construit l'univers est un ingénieur habile, si habile même que jamais il ne sera permis aux hommes de

(1) Alfred Maury dit, dans la *Revue des Deux Mondes*, 1er août 1860, page 666 « On a même trouvé dans la Belgique des crânes qui paraissent appartenir à la race nègre. » Henri Martin a dit aussi, page 335 du *Magasin Pittoresque*, octobre 1862, à propos des haches en silex que l'on avait coutume d'attribuer exclusivement à nos ancêtres les Celtes : « Ces monuments ne peuvent plus être *exclusivement* attribués aux Celtes ; c'est incontestable. Mais s'ensuit il qu'ils ne doivent leur être attribués *nulle part*, pas même chez eux ? Ceci est autre chose.

» Doit-on les rattacher à l'époque de ces *grossières haches de silex* qu'on rencontre dans nos campagnes comme ailleurs ? S'il s'agit des haches les plus *grossières*, celles qui se découvrent dans les terrains d'un âge géologique *où les animaux des zones tropicales vivaient dans nos contrées*, s'il s'agit de cette humanité primitive dont M. Boucher de Perthes a retrouvé les vestiges longtemps contestés, on peut répondre résolument : non, cela est impossible Le maniement et le transport des masses énormes et innombrables de Carnac, de Locmariaker, d'Abury, de Stone-Henge, supposent, non pas quelques pauvres sauvages ébauchant les premiers instruments de la vie humaine, mais des populations nombreuses et puissantes suppléant à l'insuffisance des procédés scientifiques par l'emploi de milliers de bras et procédant à la manière des Egyptiens et des Assyriens. Il n'y a pas la moindre trace ni la moindre probabilité que de telles populations aient existé en Occident avant les Celtes. »

On voit ici qu'Henri Martin reconnaît que les animaux des zones tropicales ont vécu autrefois dans nos contrées, et pour qu'il en ait été ainsi, ne faut-il pas que celles-ci aient été chaudes ? Et qui oserait maintenant dire qu'elles ne le redeviendront pas ?

Cuvier dit aussi que la plupart des animaux qui vivaient autrefois dans nos contrées ont aujourd'hui leurs congenères dans les pays chauds. Bonstetten dit, dans la *Scandinavie et les Alpes*, page 31 : « Entre le Jutland et l'Ecosse il y a un grand banc de sable ou récif qui, sous le nom de *Juttish*

comprendre la grandeur de ses conceptions, car elles dominent, écrasent et brisent la pensée (1).

Puisque votre lettre avait pour but de me demander des renseignements sur les mouvements du globe, et que celle-ci a pour but de vous satisfaire en partie sur ce point, si cela m'est possible, je crois devoir vous dire que je suppose ces mouvements au nombre de plus de sept, qui est le chiffre admis par les savants, et que je les crois au moins de neuf, sinon de dix, qu'il faudrait, je pense, classer ainsi :

1º Un mouvement diurne ou de 24 heures ;

2º Un mouvement annuel ou de 365 jours ;

3º Et comme elle ne tourne pas sur un plan horizontal, mais sur un plan incliné, un mouvement descendant de 6 mois commençant le 21 décembre au solstice d'hiver, et finissant le 21 juin au solstice d'été (2) ;

4º Un mouvement ascendant ou de gravitation, également de 6 mois, commençant le 21 juin pour

Reef ou récif jutlandais, se prolonge entre le Jutland et l'Écosse. On trouve sur ce récif des troncs et des racines pétrifiés qui prouvent que ces montagnes sont des montagnes submergées. »

Tout cela n'indique-t-il pas suffisamment que l'Europe a subi des changements, qu'elle peut en subir d'autres, et que rien n'est changé dans la marche que Dieu a imprimée à la nature ?

(1) Voltaire a dit : J'ai toujours regardé l'athéisme comme le plus grand égarement de la raison, parce qu'il est aussi ridicule de dire que l'arrangement du monde ne prouve pas un artisan suprême, qu'il serait impertinent de dire qu'une horloge ne prouve pas un horloger.

(2) La terre, comme les autres planètes, marchant d'orient en occident, l'année devrait commencer le 21 juin, et le mouvement nº 4 devrait porter le nº 3, *et vice versâ* ; mais je me suis conformé à l'habitude de faire commencer l'année vers le solstice d'hiver au lieu du solstice d'été, époque à laquelle elle devrait réellement commencer.

retourner gagner la place qu'elle occupait le 21 décembre.

Il se pourrait que les savants confondissent ces trois mouvements en un seul ; mais tourner n'est pas descendre, et descendre n'est pas monter ; par conséquent, en opérant son mouvement annuel autour du soleil, la terre en opère donc également deux autres : l'un descendant, l'autre ascendant.

5° Un mouvement elliptique ou circulaire autour du soleil en 25,868 ans.

Voir ce que, dans la note de la page 73, je dis à propos de ce mouvement.

6° Un mouvement de balancement ou conique, qui se produit simultanément avec le précédent ;

7° Je suppose qu'en opérant ces deux derniers mouvemens, la terre en opère encore un sur elle-même en 25,868 ans en tout semblable à celui de 24 heures, sauf la durée; toutefois, je n'affime rien à ce sujet ;

8° et 9° Je suppose également que, pendant qu'elle fait ces deux derniers mouvements, elle en opere encore deux autres, l'un descendant et l'autre ascendant, comme ceux des numéros 3 et 4 ;

10° Enfin, comme, ainsi que vous pourrez vous en convaincre par la gravure numéros 17 et 18 de l'ouvrage de Boitard, intitulé : *Curiosités d'histoire naturelle et astronomie amusante*, le soleil paraît avoir lui-même des pôles comme la terre, je suppose qu'il doit être gouverné par un soleil d'un rang supérieur au sien, autour duquel il tourne comme la lune tourne autour de la terre (1) qui l'entraîne dans ses

(1) Le soleil a des taches nombreuses qui ont rendu à la science un grand service, puisqu'elles ont prouvé que cet astre, à l'immobilite duquel on avait cru pendant longtemps ; tournait sur son axe. Non-seulement le soleil a un mouve-

mouvements autour du soleil; or, s'il en était ainsi, notre planete aurait un dixième mouvement et peut-être même beaucoup d'autres que nous ne connaissons pas. Dès à présent, je lui en suppose quatre autres; mais comme ils ne sont, s'ils existent, que la conséquence de ceux que je viens de nommer et qu'ils se confondent avec ceux-ci, je ne crois pas devoir en parler jusqu'à plus ample information.

Pour se rendre compte du mouvement n° 7 que je suppose à la terre, il faut se la représenter entourée d'un cercle divisé en 25,868 parties, portant les numéros 1 à 25,868; puis se dire : tous les ans, le même jour et a la même heure, la terre présente un numéro différent de ce cercle aux rayons perpendiculaires du soleil; de sorte qu'arrivée au bout de 25,868 ans, au terme de sa course autour de cet astre, elle les lui a successivement présentés tous.

Le système mécanique des engrenages, où un petit centre fait mouvoir un grand tout, peut vous donner une idée de tous ces immenses mouvements. Mais Revenons-en au mouvement de balancement improprement appelé conique, et disons pour quelle raison. Pour que ce mouvement fût conique, il faudrait qu'il eût pour base le pôle sud, et alors il n'y aurait pas de cercles polaires sud, puisque la terre pivoterait sur cette même partie du globe comme une toupie pivote sur la pointe, c'est-à-dire sur une de ses extrémités, et ne trace pas de cercle par cette pointe, tandis que le mouvement de balancement a pour base le centre même du globe, ce qui est bien différent, de sorte que ce mouvement au lieu d'être conique est biconique, puisqu'il faut

ment de rotation, mais il a aussi un mouvement de translation, c'est-à-dire qu'il obéit à la loi générale qui régit notre système planétaire. LOUIS JOURDAN, *Siecle*, 8 aout 1865.

deux cônes ou deux coings pour le représenter, comme vous pouvez en juger par le dessin même.

C'est en essayant de dessiner ce mouvement, auquel on pourrait aussi donner le nom de mouvement de rayonnement, que je me suis aperçu qu'en ne représentant qu'une toupie, je ne faisais qu'une corbeille étroite par la base, un verre à champagne, et que les cercles polaires sud me manquaient, tandis qu'il était absolument nécessaire que mon dessin les représentât, puisqu'ils existent. Cette difficulté que j'avais à vaincre m'a conduit à reconnaître qu'il me fallait quelque chose d'etroit et comme étranglé par le milieu, et que, comme je viens d'avoir l'honneur de vous le dire, la base du mouvement était au centre même du globe.

Je ne sais si vous savez au juste ce que l'on entend par cercles polaires célestes. Pour le cas ou vous n'auriez pas encore été suffisamment renseigné à ce sujet, je vais vous en dire un mot : s'il ne vous est pas utile, il servira à ceux qui l'ignorent, car je le ferai imprimer avec les renseignements que renferme cette lettre. On designe sous le nom d'étoiles polaires toutes celles qu'en faisant son mouvement conique en 25,868 ans, la terre irait successivement toucher si elle était prolongée par une flèche qui la traverserait d'outre en outre et serait assez longue pour les atteindre ; et on nomme cercles polaires célestes les cercles que forment ces étoiles toutes ensemble, comme les représente la gravure en regard du titre.

Quant aux cercles polaires terrestres, ils sont représentés par les petites lignes de points que vous voyez sur le globe entre les deux grandes fleches, a l'endroit ou, au pôle nord comme au pôle sud, elles quittent la terre pour se diriger vers le ciel.

Agréez, je vous prie, etc. PASSARD.

MOUVEMENTS DU GLOBE

DANS LE JURA

PIECES JUSTIFICATIVES POUR LA PAGE 31

On lit dans la *Revue des Sociétés savantes des départements*, avril 1859, pages 43 et suivantes :

« Ces faits prouvent de la manière la plus évidente,

. . . .

» Que la mer crétacée est venue dans le Jura par étapes successives et en marchant du sud au nord par la Provence et les Alpes.

» Si on veut saisir d'un seul coup l'ensemble de ces phénomenes, il faut se les réprésenter comme le résultat de deux mouvements concomitants. Le premier mouvement est une simple oscillation, d'abord ascendante, et par suite de laquelle la mer se retire *lentement* jusqu'a la fin de la période jurassique ; puis, pendant la moitié de la période crétacée, l'oscillation devient descendante, et la mer revient occuper son ancien lit; et tout cela se passe *lentement*, sans bouleversement ni cataclysmes, du moins dans les régions qui nous occupent, et pendant des laps de temps d'une durée prodigieuse.

» Mais cette double oscillation n'agit pas précisément de la même manière au nord et au sud. Pendant l'oscillation ascendante, c'est le sud, c'est-a-dire les Alpes, qui s'élève le plus et qui s'émerge ; la mer jurassique se retire vers le nord de l'Europe. Pendant l'oscillation descendante, probablement séparee de la précédente par un temps d'arrêt, c'est le nord, c'est-à-dire le Jura septentrional qui reste émergé, et le sud qui, s'infléchissant, permet à la mer crétacée de revenir dans le Jura par cette voie tout opposée.

» C'est donc l'image d'une sorte de *balancement* qu'il faut joindre a celle d'une oscillation dans le sens de la verticale, pour se former une idée complète des faits qui se sont passés à l'époque qui relie l'une a l'autre les deux grandes périodes.

» Ce sont la des déductions que nous croyons *inattaquables*, parce qu'elles sont tirées de faits *bien observés*, qui méritent toute notre confiance, et qui d'ailleurs concordent avec toutes les connaissances acquises sur cette matiere dans les autres régions.

» Dans un travail publié au commencement de 1857 (1), nous avons montré que toute la France septentrionale, c'est-a-dire les Ardennes, les Vosges, le plateau central, la Vendée, la Bretagne et le vaste bassin qu'elles renferment, avait subi, à partir du milieu de la période jurassique, un mouvement ascensionnel général et progressif, par suite duquel la mer avait successivement occupé des limites plus resserrées pour se retirer complétement à la fin de cette période et faire place à un lac dont les sédiments se voient encore vers Gournay, Boulogne et Purbeck (Angleterre).

(1) *Les Mers anciennes dans le bassin de Paris, ou Classification des terrains par les oscillations du sol :* 1re partie, terrain jurassique, Paris, 1857, chez Bechet fils, rue de Sorbonne.

»La concordance entre ce qui s'est passé dans le Jura et les Alpes, et le grand bassin anglo-parisien, est aussi complete que possible.

. . . .

» Le bassin du sud-ouest a participé, comme les autres contrées de la France, au mouvement ascensionnel précédemment signalé, et là aussi un lac s'est formé après la retraite de la mer jurassique.

. . . .

»C'est dans les distributions différentes des terres et des mers, qui ont été le résultat de ces grands mouvements généraux, qu'il faut chercher une partie des causes des grands changements organiques qu'on remarque dans les populations successives du globe. Mais c'est par suite de la succession des temps, que chaque observation nouvelle nous oblige d'agrandir sans cesse, que s'est manifestée la *loi inconnue* qui a présidé à ces modifications. . . . . . . Les grands lacs, loin d'être éphémères, ont eu une longue durée, comme le prouvent les dépôts nombreux et variés qui s'y sont effectués, et dans lesquels, comme l'a fait voir M. E. Forbes, de si regrettable mémoire, on peut constater plusieurs faunes successives et différentes.

» Il y a quelques années à peine, et peut-être quelques géologues encore sont aujourd'hui de cet avis, que l'on croyait que les animaux avaient été détruits et remplacés par d'autres, par des cataclysmes immenses qui, en soulevant les montagnes, avaient violemment agité les mers et les avaient lancées sur les continents. Ces idées théoriques, que l'on retrouve *malheureusement* dans tous les manuels destinés à l'enseignement, sont, comme on le voit, bien éloignées de la vérité (1). . . . .

(1) On a prétendu que les mammouths avaient été entraînés par un grand courant du sud au nord vers les glaces de la Si-

. . . .

« La *continuité* rétablie (dans la marche de la nature) *fait disparaître* cette idée des révolutions chaotiques, qui faisaient de la nature ancienne un tableau d'une effrayante étrangeté, et qui forçaient l'esprit à recourir à des lois différentes de celles qui régissent aujourd'hui le monde. »

HÉBERT.

(Tiré d'un rapport sur le mémoire de M. Lory, sur les terrains crétacés du Jura, inséré dans le tome II des *Mémoires de la Société d'Émulation du Doubs*, 3 février 1857, Besançon).

Dans mon *Quinzième Déluge*, j'ai annoncé que j'étais sur la voie de la découverte de nouveaux renseignements sur les côtes de France. Voici ce qui m'est tombé sous les yeux depuis que cette partie de ce mémoire est imprimée :

bérie ; mais les lieux où on trouve le plus ordinairement leurs débris, qui sont les cours des rivières, devraient suffisamment indiquer que ces animaux s'y sont noyés, et rien ne prouve que tous l'aient été en un jour.

On lit dans Delamethrie, tome V, page 145, partie intitulée : « Des matières étrangères contenues au milieu des couches secondaires et tertiaires : »

« On trouve dans des atterrissements, et plus particulièrement *sur les bords des fleuves*, de grands os d'éléphants, de rhinocéros, d'hippopotames, d'animaux inconnus.... »

J'ai lu quelque part qu'en maints endroits on voyait encore leurs défenses en saillie à la surface du sol, ce qui indique qu'ils ont dû faire des efforts pour sortir des bourbiers dans lesquels ils étaient tombés.

Dans le tome II de l'ouvrage intitulé *Le nord de la Sibérie*, par l'amiral russe Wrangell, on lit ce qui suit :

« Ce sont les femmes et les enfants qui s'occupent de la pêche en été, tandis que les hommes se dispersent dans la *tounara* pour y faire la chasse aux rennes et aux oiseaux, ainsi que pour *ramasser* des dents de mammouth qui forment un des principaux objets de commerce. »

On lit page 63, tome Ier du *Nouveau discours sur les révolutions du globe*, d'Ajasson de Grandsagne :

« On a vu en Bretagne beaucoup de villages et de bois emportés par la mer au IXe siecle. A la même époque, le mont Saint-Michel fut détaché du continent pour former une île. En 1500, la paroisse de Bourgneuf et quelques autres furent submergées. En 1735, pendant une tempête, on distingua au fond de la mer les restes de Palnel. »

Plusieurs villages sur les côtes de Normandie sont encore menacés d'être engloutis. A Bernières, pres Caen, la mer est plus élevée que ne l'est le sol derrière la falaise ; il en est de même aux villages de Luc, du Petit-Enfer et de Courseulles, de sorte que, lorsque les falaises qui protégent ces villages auront été minées par les eaux, ils seront engloutis.

On lit aussi dans des leçons de géologie de Delaméthrie, tome II, page 279, à propos de fossiles du bœuf :

« Tous ces os fossiles du genre bœuf se trouvent dans des terrains meubles le long des grands fleuves ou dans des rivieres. »

Le *Courrier des États-Unis* annonçait, en mai ou juin 1863, qu'une commission scientifique venait de se former aux Etats-Unis pour recueillir quelques-uns des grands animaux antédiluviens que renferment souvent tout entiers les blocs de glace qui se détachent tous les ans au printemps du glacier polaire, et vont fondre dans les regions temperees, où se perdent ainsi pour la science, *et par centaines*, des squelettes de ces gigantesques animaux.

PASSARD.

MOUVEMENT DES FLEUVES EN RUSSIE

PIÈCES JUSTIFICATIVES POUR LA PAGE 46

En amont d'Astracan, on peut voir dans leur étonnante grandeur les traces des empiétements du Volga sur sa rive droite. . . . . Le fleuve porte toute la force de son courant sur la rive occidentale. . . . .

Presque toutes les vingt-trois cités construites sur la rive occidentale du Volga, appelée aussi rive d'amont à cause de ses falaises, sont ainsi démolies en détail, maison à maison, rue à rue, et, rongées d'un côté, sont obligées d'avancer de l'autre dans le steppe. La berge de Tchernoï-Jar, haute d'environ trente mètres, recule peu à peu d'autant chaque année, et la route par laquelle on descend dans la ville au bord du fleuve *est à refaire tous les ans;* le cimetière, aussi bien que l'ancienne ville, est englouti, et récemment encore on voyait des crânes grimaçants et des squelettes blanchis faire saillie hors de la muraille rougeâtre de la falaise. Du haut des escarpements qui bordent la rive droite on jouit d'une vue grandiose sur le fleuve, sur les innombrables canaux qui serpentent au milieu du labyrinthe des îles vertes sur l'Achtouba, ancien lit du Volga, laissé aujourd'hui à vingt kilomètres du courant principal. . .

. . . .

Les affluents du Volga et toutes les rivières de la Russie, presque sans exception, *présentent le même phenomene* d'un empiétement continu des eaux sur la rive droite du lit qui les contient. La véritable raison de ce phénomene est la rotation de la terre (1)... Tout corps qui remonte de l'équateur vers l'un des pôles devance, par suite de sa vitesse acquise, le mouvement angulaire du globe et dévie fatalement, c'est-a-dire a droite. . . . . dans l'hémisphère septentrional, à gauche dans l'hémisphere opposé . . . C'est à cette loi qu'obéissent les vents alizés. . . . Cette loi regle aussi les cours de toutes les rivières, et quand la configuration du sol s'y prête, quand les oscillations de la croûte terrestre ou d'autres forces géologiques ne viennent pas la contrarier, elle fait regulièrement dévier les eaux courantes a droite dans l'hémisphère nord, a gauche dans l'hémisphere sud. Quant aux fleuves qui coulent parallelement à l'équateur, aucune force ne les oblige à ronger l'une ou l'autre de leurs rives.

(1) Je n'ai cité ces passages que pour constater, comme le dit Boitard, que le mouvement conique du globe agit d'une maniere differente et dans un sens tout à fait opposé dans chacun des deux hemispheres. Si M. Reclus attribue ce phenomene à la rotation de la terre, cela tient à ce qu'à l'epoque ou il ecrivait, la publication de l'ouvrage de Boitard ne faisait que commencer, et que sa théorie lui était inconnue, comme on l'a vu precedemment, et comme on le verra plus loin.

M. Reclus dit, page 608, du numero cite de la *Revue des Deux Mondes* : « Dans la Chine on a vu de nos jours le Hoang-ho abandonner en partie sa principale embouchure, et s'en former une autre a 350 kilometres plus au nord. »

DE L'ATLANTIDE ET DES ATLANTES

Je pense que pour quiconque a lu attentivement et s'est parfaitement rendu compte de la théorie de Boitard sur les révolutions du globe, une longue dissertation n'est pas nécessaire pour prouver que l'Atlantide et les Atlantes ont réellement existé. Les quelques passages et réflexions qui vont suivre suffiront pour convaincre les plus incrédules à ce sujet.

Voici ce qu'on lit dans *la Création et ses mystères*, par Snider, Paris, 1859, page 321:

. . . .

Solon a raconté des merveilles de l'île Atlantide, dont il tenait le récit des prêtres égyptiens. Ce récit est très-curieux et assez important; nous l'offrons a nos lecteurs.

— C'est Platon qui nous a transmis la substance de l'entretien de Solon avec les prêtres égyptiens.

« Un jour, dit-il, que ce grand homme (Solon) s'entretenait avec les prêtres de Saïs sur l'histoire et les temps reculés, l'un d'eux lui dit : Solon, Solon, vous autres Grecs, vous êtes encore des enfants! Il n'en est pas un seul parmi vous qui ne soit novice dans la science de l'antiquité; vous ignorez ce que fit la génération des héros dont vous êtes la faible postérité. Écoutez-moi, je veux vous instruire des exploits de vos ancêtres, et je le fais en faveur de la déesse *qui vous a formés, ainsi que nous, de terre et de feu*... Tout ce qui s'est passé dans la monarchie égyptienne depuis 8,000 ans est écrit dans nos livres sacrés... Mais ce que je vais vous raconter de vos lois primitives, de vos rois, de vos mœurs et des révolutions de votre pays, remonte a 9,000 ans.

» Nos fastes rapportent comment votre république a résisté aux efforts d'une grande puissance, sortie de la mer Atlantique, qui avait envahi l'Europe et l'Asie; car alors cette mer était guéable. Sur les bords était une grande île, vis-à-vis de l'embouchure que l'on nomme les colonnes d'Hercule (1). »

» Cette île était plus étendue que la Libye (2) et l'Asie ensemble. De là les voyageurs pouvaient passer à d'autres îles, d'où il leur était aisé de se rendre dans le continent.

» Dans cette île (l'Atlantide) il y avait des rois dont la puissance était formidable. Elle s'étendait sur cette île ainsi que sur les îles adjacentes et sur une partie du continent. Ils régnaient, *outre cela*, d'un côté sur toutes les contrées limitrophes de la Libye (Afrique) jusqu'en Égypte, et, du côté de l'Europe, jusqu'a Tyrrhénia (Italie). Les souverains de l'Atlantide tentèrent de subjuguer votre pays et le nôtre. Alors, ô Solon ! votre république se montra, par son courage et par sa vertu, supérieure au reste du monde. Elle triompha des Atlantes... Mais dans les derniers temps, il survint des tremblements de terre et des inondations. Alors tous vos guerriers furent

(1) Aujourd'hui le détroit de Gibraltar. SNIDER.

(2) Les anciens appelaient l'Afrique la *Libye*. — PASSARD.

engloutis dans la terre en l'espace de vingt-quatre heures, et l'Atlantide disparut. Depuis cette catastrophe, la mer qui se trouve dans ces parages n'est point navigable, a cause du limon qui s'y est formé et qui provient de l'île submergée. » (Platon, dans le *Timée.*)

Voici maintenant ce qu'on lit dans l'ouvrage intitulé : ***Etudes sur l'histoire primitive des races oceaniennes et américaines***, par Gustave d'Eichthal, Paris, imp. de madame veuve Dondey-Dupré, in-8o, sur une civilisation primitive qui aurait autrefois existé dans la Polynésie orientale, et qui se serait étendue jusqu'en Afrique d'un côté, et de l'autre jusqu'en Amérique. Des renseignements que contient le passage que je vais citer on peut, comme on va le voir, en les rapprochant de passages tirés d'autres ouvrages, raisonnablement conjecturer que l'ancienne Atlantide a réellement existé. Voici comment s'exprime l'auteur sur son travail :

Ces études se rattachent et font suite au mémoire sur l'origine des Foulahs, publié dans le tome I du recueil de la Société ethnologique. Elles contiennent de nouvelles indications sur l'existence d'une civilisation primitive, qui, développée d'abord dans la Polynésie orientale, s'est répandue de ce point vers l'ouest, a travers l'Océanie, jusque dans l'Afrique, et, à l'est, jusqu'en Amérique ; on savait déjà que les migrations polynésiennes s'étaient étendues, a l'ouest, jusqu'à l'île de Madagascar. Dans mon mémoire sur les Foulahs, j'ai montré moi-même que ce peuple se rattachait d'une maniere plus ou moins directe au rameau polynésien. Cette fois j'ai suivi l'influence polynésienne jusque chez les Coptes, les Mandingues, et diverses autres populations africaines. — D'un autre côté, j'ai signalé les faits qui indiquent une ancienne communication entre la Polynésie et l'Amérique ; et, en dehors même de cette communication, j'ai montré d'autres rapports entre l'Afrique et diverses races *aujourd'hui* américaines.

Cette série de recherches se divise en dix sections ou *études*, dont je vais indiquer les sujets spéciaux.

« Première étude. — Recherches sur le développement de la civilisation primitive de la Polynésie, sur le mode et les limites de la propagation au nord, à l'est et à l'ouest.

» Deuxième, troisième et quatrième études.— Rapport de l'ancienne Égypte avec l'Archipel indien, avec la Polynésie orientale et avec les îles Mélaniennes.

» Cinquième étude. — Rapport de la Polynésie et de l'Archipel indien avec les peuples indo-européens.

» Sixième, septième et huitième études.— Rapport de la Polynésie avec l'Amérique, *similitude des modes de sépulture et des constructions pyramidales* (1), con-

(1) Quand on étudie avec soin, dit M. Gomard, le mode de sépulture égyptien, c'est-à-dire la sculpture en relief dans le creux, quand on considère encore le système général de tableaux égyptiens sculptés et peints, celui des encadrements de tableaux, l'emploi des légendes ou *signes* de l'Écriture distribués par colonnes verticales et horizontales; les genres des poses et des attitudes profilantes, le choix des attributs et accessoires, la forme de certains meubles et beaucoup d'autres caractères de ces tableaux que j'ai retrouvés dans les sépultures en bas-relief de Palanque (Amérique), je dis que les rapports sont presque incontestables.

Revue britannique, décembre 1831, page 237.

Dans la *Revue britannique*, n° 6 de la collection, il est aussi question d'antiquités grecques trouvées en Amérique à la surface du sol, mais je ne serais pas surpris quand ce serait une supercherie de quelques plaisants qui auraient voulu s'amuser aux dépens des savants.

cordance entre les vocabulaires caribe et polynésien.

» Neuvième et dixième études.— Anciennes communications entre diverses races qui habitent *aujourd'hui*, les unes l'Amérique, les autres l'Afrique. Concordance entre le vocabulaire copte et ceux de quelques nations de l'Amérique du Sud, ainsi que des Lennapes-Algonquins. — Affinité des Ghiolofs du Sénégal avec la race caribe.

» Une même conséquence ressort de tous ces faits : c'est qu'une civilisation plus ancienne avait précédé celle des temps que nous appelons historiques, et avait préparé les éléments qui constituèrent celle-ci. La Polynésie ou bien *un continent aujourd'hui detruit*, mais qui était situé dans la même région de la terre, paraît avoir été le foyer principal de cette civilisation, qui de là rayonna dans toutes les directions, vers l'Amérique, l'Asie et l'Afrique. — Peut être fut-ce un germe émané de ce foyer qui, tombant dans la vallée du Nil, y surgit ou bien y feconda l'antique civilisation égyptienne.

. . . .

» Il y a très longtemps que l'affinité du madécasse avec la famille des langues malaisiennes et polynésiennes a été aperçue. — La concordance d'un certain nombre de mots madécasses avec des mots malaisiens a déjà été indiquée par Reland et Hervas ; mais ce fait ne prouve autre chose que l'introduction accidentelle de ces mots, et ne démontre nullement la communauté d'origine des deux peuples. » C'est ainsi que s'exprimait Vater dans le *Mithridate*, t. III, première partie, p. 266. — Quelques années plus tard, l'inspection de documents plus complets rendit au contraire évidente l'origine polynésienne des Madécasses. (Voyez Balbi, *Atlas ethnographique* ; W. Von Humboldt, über die Kawisprache, livre III, § 1, 3 et

18; Dumont d'Urville, *Voyage de l'Astrolabe*, philologie, première partie, etc.)

. . . .

» Toutefois, les races auxquelles nous voulons appliquer le nom de chamite (1) se rapprochent, par leur habitation dans les terres australes, depuis l'Amérique jusqu'à l'ouest de l'Afrique, par l'influence plus ou moins sensible, exercée d'un bout à l'autre de cette région par la race brunâtre ou polynésienne proprement dite. . . . .

. . . .

» Nous considérons ces rapprochements comme parfaitement établis; nous ne croyons pas que la critique la plus sévère puisse contester leur exactitude ou atténuer la valeur que nous leur avons donnée. »

Voici maintenant l'opinion de Cuvier sur les Guanches ou anciens habitants des Canaries, que l'on suppose avoir été les débris de l'ancienne nation des Atlantes (2).

Cuvier dit, en terminant son mémoire sur la *Vénus hottentote* : « Je présente à l'Académie des sciences une tête de Guanche, de ce peuple qui habitait les Canaries avant la conquête des Espagnols. Quelques auteurs, ajoutant foi aux contes du *Timée* sur l'Atlantide, regardent ces Guanches comme les débris de l'ancienne nation des Atlantes. Leur habitude de conserver les corps par une espèce de momification pourrait plutôt les faire considérer comme tenant de loin ou de près aux anciens Égyptiens, etc. »

(1) Chamites (qui descendent de Cham).

(2) On peut voir dans le mémoire de Cuvier, sur la Vénus hottentote, inséré à la suite de l'édition que j'ai publiée de son « Discours sur les révolutions du globe, » que le Jardin des Plantes possède plusieurs squelettes de Guanches.

De la théorie de Boitard, des fragments que je viens de citer, et de ceux qui vont suivre, on peut, comme on va le voir, conclure qu'il est évident qu'il y a entre l'ancien et le nouveau monde un continent aujourd'hui submergé dont les quelques îles éparses dans l'Atlantique ne sont que les débris.

Il suffit, pour s'en convaincre, de jeter un coup d'œil sur la carte du système osseux du globe, placée à la fin de *l'Univers avant les hommes*; on reconnaît en la parcourant que plusieurs chaînes de montagnes partent de l'ancien continent et vont rejoindre le nouveau a travers l'Atlantique . l'une de ces chaînes, qui n'est que la continuation de l'Atlas, gagne les îles du cap Vert, les Canaries et le Brésil, traverse ensuite l'Amérique du Sud et va rejoindre la chaîne des Andes; une autre part de la pointe Finistère en Bretagne, traverse l'Atlantique et va gagner l'Amérique par les Bermudes.

Une troisième chaîne part du sud de la Grande-Bretagne, traverse l'Angleterre et l'Écosse, va rejoindre les Orcades, les Shetland, les Feroë, gagne l'Islande et le Groenland pour se diriger ensuite d'un côté vers le pôle et de l'autre vers l'Amérique du Nord qu'elle atteint a Terre-Neuve. Ainsi tout tend à prouver qu'il y a eu autrefois communication entre l'ancien et le nouveau monde a travers l'Atlantique.

Comme la carte en question est tirée du nouveau *Discours sur les révolutions du globe*, d'Ajasson de Grandsagne, dont la première édition a paru en 1836, elle n'a, par conséquent, pas été faite pour les besoins de la cause, et on ne pourra pas m'accuser de l'avoir fait dresser pour appuyer les opinions que je soutiens ici.

On pourra m'objecter que Cuvier traite de contes ce qu'on lit dans le *Timée* sur l'Atlantide et les

Atlantes ; mais je répondrai que le peu qu'a dit Cuvier sur ce sujet tend à combattre ce qu'il a voulu dire, et à dire ce qu'il a voulu combattre, ce qui n'est nullement difficile à prouver.

En effet, il dit des Guanches, que l'on considère comme les débris de l'ancienne nation des Atlantes, que « leurs habitudes de conserver les corps par une espèce de momification pourrait plutôt les faire considérer comme tenant de loin ou de près aux anciens Égyptiens. » Mais le lecteur a dû justement remarquer, dans le fragment cité de M. d'Eichthal, que celui-ci reconnaît que les migrations polynésiennes s'étaient étendues à l'ouest jusqu'à Madagascar, et qu'il en suit la trace jusque chez les Coptes, que les savants considèrent comme les descendants des anciens Egyptiens. De sorte qu'il y a parenté supposée entre les Guanches, que l'on croit descendants des anciens Atlantes, et les anciens Egyptiens, représentés aujourd'hui par les Coptes ; parenté entre les Coptes et les Polynésiens et parenté de ceux-ci avec les races américaines qui, comme les Guanches et les Égyptiens, conservaient les corps en les momifiant.

Le lecteur voudra bien remarquer encore que la phrase de Platon sur l'Atlantide est conçue de manière à faire supposer que de ce pays on pouvait passer en Amérique : « De là les voyageurs pouvaient passer à d'autres îles d'où il leur était aisé de se rendre dans le continent ; » et que ce continent ne pouvait être ni l'Afrique ni l'Europe, puisqu'il en fait ensuite la distinction dans les termes suivants.

« Dans cette île (l'Atlantide) il y avait des rois dont la puissance était formidable ; elle s'étendait sur cette île, ainsi que sur les îles adjacentes *et sur une partie du continent*. Ils régnaient, *outre cela*, d'un côté sur toutes les contrées limitrophes de la Libye (Afrique) jusqu'en Égypte, et du côté de l'Europe jusqu'à Tyrrhenia (Italie). »

Enfin, comme nouvel argument pouvant faire supposer d'anciens rapports entre l'Ancien et le Nouveau monde, je citerai encore le passage suivant de M. Alfred Maury sur la langue basque, dans lequel il explique que, même parmi les langues européennes, il existe de l'analogie avec les langues américaines. « La langue basque, dit-il, ou mieux la langue ibérienne, ne ressemble en rien aux idiomes indo-européens. C'est par excellence une langue polysynthétique, une langue dont l'organisme rappelle d'une manière assez frappante celui des idiomes du Nouveau monde. » M. Maury reconnaît ensuite, avec plusieurs autres philologues, que le basque appartient au groupe des langues tartaro-finno-japonaises qui sont parlées dans toute la partie septentrionale de l'Europe et de l'Asie, la Laponie, la Finlande, le nord de la Russie, la Sibérie, le Kamtchatka et même jusqu'au Japon, groupe auquel appartient également le hongrois. De sorte qu'on peut, d'après tout ce qui précède, dire qu'il n'y a ni monde ancien ni monde nouveau (1), mais un monde unique, dont toutes les parties se tiennent comme les anneaux d'une chaîne (2)

(1) C'est donc avec raison que M. Armand Vallier disait dans la *Revue germanique*, n° 1, page 27 « La linguistique est à l'histoire de l'homme ce que la géologie est à l'histoire de la terre. »

(2) D'un autre côté, Klaproth a publié, en 1823, une brochure intitulée : *Lettre à M Champollion le jeune, relative à l'affinité du copte avec les langues du nord de l'Asie et du nord est de l'Europe*, dont le titre seul tend à confirmer tout ce que je viens de dire.

J'ajouterai encore qu'il existe au Mexique une peuplade,

Il n'est pas même jusqu'aux religions du Mexique et au nom de la divinité qui ne tendent a prouver l'existence d'anciennes relations entre les deux continents. Voici comment s'exprime à ce sujet M. Charles Paya :

LES RELIGIONS AU MEXIQUE

« Quand on entreprend de discuter ou seulement de rechercher les dogmes des anciens Mexicains, la première question qui se présente est celle-ci : Quelles furent les idées de ces peuples touchant une suprême intelligence, le un, le vrai, le Dieu vivant ? Au Mexique comme dans la plupart des pays idolâtres, des réponses très-différentes ont été faites à une telle demande quelques écrivains déclarent que les Mexicains, en dépit des deux cents objets de leur culte, étaient définitivement et en réalité monothéistes, tandis que d'autres ont rangé les anciens Aztèques parmi les adorateurs de la nature. »

celle des « Othomes, » dont le langage est monosyllabique comme celui des Chinois, ce qui peut faire supposer que ces derniers ont également connu l'Amérique de temps immémorial.

Il serait à désirer, pendant qu'il en est temps encore, qu'il fût fait des dictionnaires de toutes les langues et de tous les dialectes, idiomes et patois du monde entier avec le français ou le sanscrit à côté, il serait ensuite fait un dictionnaire comparé de tous ces idiomes. Peut-être, à l'aide de ce dictionnaire, retrouverait-on les radicaux de toutes les langues du globe qui, ainsi que je l'ai déjà dit, suivant l'abbé Latouche, ne dépassent pas le nombre de 100. En les combinant ensemble, peut-être pourrait-on en former cette langue universelle dont on cherche la clef depuis si longtemps.

On pourrait, à l'aide de ces racines et par des dérivés nouveaux ou des composés, rendre la langue française la plus riche de l'univers. J'essayerai, un jour que j'en aurai le temps, de faire pour un mot-racine ce qu'on pourrait faire pour les autres.

« Il est digne de remarque, » dit justement M. Charles Hardwick, « que le nom mexicain de Dieu est *Teo-tl*, qui, en séparant la terminaison du radical, approche de près *Theos*, *Deva*, *Deus*, *Tius* et autres formes du même ordre, aussi bien que le *Tao* de la Chine et le *Tua* des îles de la mer du Sud. Ce mot, employé aussi par les premiers missionnaires, mais non sans exciter de disputes, comme l'équivalent de *Dios*, désigna, pour les antiques Mexicains, « l'être par lequel nous vivons, la cause des causes et » le père de toutes choses. » Cet être fut adoré par quelques esprits élevés, son image sacrifiée au temple; il fut révéré comme le principe créateur et productif de la nature; il fut identifié avec le *Dieu-Soleil*, qui, sous ce rapport, fut désigné le *Teo-tl*. »

J'ajouterai :

Les hiéroglyphes du temple mexicain de l'Exposition de 1867, au Champ de Mars, sont identiques à ceux de l'obélisque de la place de la Concorde.

Disons encore que Moke a dit des Indiens orientaux :

« Les Indiens prétendent qu'Osiris était de leur pays (Diodore, 1-12). L'on sait que, quand les Cipayes, au service de l'Angleterre, eurent débarqué en Egypte, par la mer Rouge, en 1801, ils se prosternèrent devant les ruines des temples égyptiens, croyant reconnaître les dieux de leur nation. »

(*Hist. des Francs*, t. Ier, p. 214. Paris, Paulin, 1835.)

Tous ces faits prouvent de la manière la plus évidente que le monde ancien et le monde nouveau ont autrefois communiqué entre eux et qu'il en est des peuples comme des mers, qu'ils ne sont plus où ils étaient et ne resteront pas où ils sont.

Ces mêmes faits prouvent également que les Atlantes, qu'ils aient été Guanches, Ghiolofs, Caraïbes, Iberes, Celtibères ou Celtes, ou même mieux, et, ce qui est mille fois plus probable, tout cela ensemble, puisque ces derniers sont encore Atlantes dans les Iles Britanniques, l'Atlantide et les Atlantes ne peuvent pas ne pas avoir existé.

Capo de Feuillide dit que les archives de l'Irlande ont été détruites avec les monastères ou dispersées par l'émigration, et il ajoute :

« Cette dispersion est éternellement regrettable, non seulement pour la nationalité irlandaise, mais encore pour une foule de questions qui se rattachent à l'histoire primitive de l'Europe. On sait, par exemple, que là où gronde aujourd'hui l'Atlantique florissaient jadis de vastes continents, l'*Atlantis* de l'antiquité. L'Irlande en paraît être un des fragments ; on peut en trouver une preuve dans bien des traditions éparses encore dans cette île, et qui, *sans cela, seraient d'inexplicables folies.* » (*Irlande*, tome Ier, page 214, Paris, 1839.)

Depuis la première publication de ce Mémoire, M. Figuier, qui a un talent si remarquable pour découvrir ce que d'autres ont découvert avant lui, ne manque point d'essayer dans un mémoire (1) sur les éruptions de Santorin de prouver aussi l'ancienne existence de l'Atlantide et de donner cette idée comme de son cru. Par contre, bien que ce fût cependant le cas de nous parler de son feu central, celui-ci brille par son absence dans son Mémoire, où il n'en est nullement question.

Je ne désespère pas de voir bientôt M. Figuier nous apprendre que les basaltes sont composés de terre glaise. Les portes sont si faciles à enfoncer lorsqu'elle sont ouvertes.

(1) Inséré dans l'*Annuaire* Mathieu de la Drôme de 1867.

DES BASALTES PRISMATIQUES

ET COMMENT

ON DOIT POUVOIR EN FAIRE

J'ai dit ailleurs que je croyais que l'on contestait que les basaltes fussent des produits volcaniques. Voici le passage qui avait donné naissance à mon observation, et dont la source échappait alors à ma mémoire.

On lit page 208 de l'ouvrage intitulé : *Renouvellement périodique des continents*, par Louis Bertrand, 2e édition, Geneve, 1803 :

« Si le premier qui prit les basaltes en considération les eût observés sur la contrée basaltique de l'Irlande, jamais il ne les aurait attribués au feu, et moins encore au feu des volcans : le pays n'offrant ni laves, ni scories, ni cendres volcaniques (1), rien

(1) Il n'est pas probable qu'il n'y ait pas de traces de volcans dans le voisinage des basaltes d'Irlande. Si à l'époque où l'auteur écrivait, on n'en connaissait pas, et si on n'en connaît pas encore aujourd'hui (ce que j'ignore), c'est que des recherches suffisantes n'ont pas encore été faites pour cela, ou que les volcans sont sous les eaux, car si les basaltes ne sont

n'aurait pu lui suggérer une semblable idée. Bien loin de là, cette pierre, *souvent disposée par couches*, l'interposition de ces couches a des couches de terre, et la forme cristalline de ses prismes l'auraient d'abord porté à croire qu'elle s'était formée sous la mer par voie de dépôt et de cristallisation, *comme presque toutes les autres pierres* ; il se serait ensuite affermi dans cette opinion, en réfléchissant sur la *transition*, sinon nuancée du moins progressive du *fin basalte* au *basalte grossier;* et enfin, il aurait pu en voir la démonstration *dans les couches coquillières* (1) de basalte a menu grain, entremêlées aux couches non coquillières, tant de ce basalte même que du basalte à gros grains.

» Le contraire est arrivé : le premier qui fit des basaltes l'objet de son attention fut Desmarest, qui les observa en Auvergne, contrée à la fois volcanique et basaltique..... Bientôt..... il avança que les basaltes

pas composés de laves vomies par les volcans, il est néanmoins certain que le feu a contribué à leur formation.

NOTE ADDITIONNELLE — Le passage suivant, qui m'est tombé sous les yeux depuis la première publication de cette note, prouvera suffisamment que les Hébrides sont volcaniques, et que j'avais raison de les supposer telles. Voici ce qu'o lit page 115 du *Voyage aux Hébrides*, de Louis Enault :

« C'est au cap Dunvegan que se trouve aujourd'hui e seul volcan de Skye. Il ne jette pas feu et flamme, il se contente de deux colonnes de fumée à émission irrégulière, qui s'élancent à peu près comme la vapeur à travers l'échappement d un steamer. Chaque éruption est précédée d'un bruit interne qui l'annonce.

» Skye (l'île de), aujourd'hui encore, n'est qu'un volcan éteint, la terre du brouillard et du feu, comme l'Islande est la terre du feu et de la glace. »

(1) L'ouvrage que je cite ici est très-connu des savants, qui, comme on le voit, n'ont pas ignoré l'existence de coquilles dans les basaltes, ce qui ne les a pas empêchés de continuer d'attribuer ces derniers au feu central, comme si le feu engen-

n'étaient autre chose que des granits fondus par le feu des volcans.

» Il y a plusieurs années que M. de Saussure démontra que le granit ne pouvait être la matière première des basaltes, attendu qu'à quelque degré qu'il l'exposât, il l'en retirait toujours très-différent du basalte. Cependant l'origine ignée des basaltes ne fut point abandonnée. »

Depuis que ma première note est écrite, de nouveaux renseignements me sont parvenus sur les basaltes et m'ont convaincu qu'ils n'ont point été formés, comme le croient à tort les savants encore aujourd'hui, par la lave en fusion, bien que néanmoins, comme je l'ai déjà dit, le feu *ait concouru* à leur formation. Voici sur quels arguments j'appuie mon opinion.

On lit page 411 d'un ouvrage publié à Paris en 1781, intitulé : *Lettres sur l'Islande*, par M. de Troil :

« Il est hors de doute que ces colonnes (de basalte) ont eu quelque connexité avec les effets d'un feu souterrain, d'autant qu'elles se trouvent dans des endroits qui offrent encore des traces d'éruptions, et que ces colonnes mêmes sont souvent mêlées avec de la lave, du tuf et d'autres productions du feu.

» Jusqu'ici, la cause de la formation régulière de

drait des coquilles. On demeure confondu en présence de pareils faits, qui font pitié.

Trois cents livres de basalte fondues au creuset, dit Faujas de Saint-Fond, se sont changés en verre.

Dans son *Voyage en Ecosse*, tome II, page 130, Faujas de Saint-Fond dit encore avoir vu des basaltes couleur rouge ressemblant à de la brique. Or, comme c'est avec de la terre glaise qu'on fait la brique, ce seul argument suffirait pour prouver que les basaltes sont composés de terre glaise desséchée, au lieu d'être, comme on l'a dit, l'œuvre d'un feu central impossible lui-même.

ces colonnes a été un problème dont il a été impossible de donner une solution complétement satisfaisante.. »

Page 447, en tête :

« Il me paraît donc vraisemblable qu'ils (les basaltes) ont été formés de leur substance pendant qu'elle était encore molle......... »

Pages 441-442 :

« La nature, autant que nous puissions en juger, suit dans le règne minéral trois manières différentes pour former les corps réguliers. C'est : 1° par....... 2° par....... 3° enfin par la séparation des substances humides dans le desséchement. »

Page 446 :

« Cette terre (l'argile), plus qu'aucune autre, se resserre par le desséchement. »

Page 446 encore :

« Les scissures se font par le rétrécissement dans le desséchement. »

Page 387 :

« J'ai remarqué cette forme distincte et régulière dans la terre glaise durcie à l'air ou au feu, ainsi qu'en mettant de l'empois sécher sur une assiette, où l'on voit toutes les fentes dans des formes régulières. Il semble qu'il n'y ait pas d'autres possibilités admissibles pour leur formation....... »

Page 449 :

« On trouve encore aujourd'hui, à de grandes profondeurs, des matières argileuses si molles que l'on peut les creuser avec l'ongle, et qui se durcissent étant exposées à l'air............................ »

Page 447 :

« Les vapeurs poussent en l'air ces substances pâteuses et cohérentes qui, en se séchant, se gercent de la manière dont on l'a vu plus haut. »

Page 450 :

« Des colonnes courbées se forment aussi bien par le dessèchement que par le refroidissement d'une masse liquide. Il faut pour cela que la surface soit courbée. »

Page 449 :

« Il est hors de doute que le feu a occasionné plus d'une éruption a Staffa. C'est ce qui se voit, tant par la position des colonnes que par le dérangement qu'elles paraissent avoir éprouvé (1). Vous en avez vous-même apporté une preuve frappante dans un morceau de basalte dont la surface est pleine de cavités, et comme brûlée. »

Page 452 .

« La surface du basalte de Staffa devient une croûte molle, grise, jaunâtre, qui se répand jusque dans l'intérieur de la masse, qui est plus solide. »

Page 447 :

« Nous ne voyons point que la matière inférieure des basaltes soit fondue ni vitrifiée, ce qui arrive cependant bientôt par la fonte, même a un feu tres-médiocre. »

(1) Cette partie de l'ouvrage est une réponse d'un ami auquel l'auteur des *Lettres sur l'Islande* avait demandé son opinion sur la formation des basaltes.

CONCLUSION

La conclusion a tirer de tout ce qui précède est que les basaltes sont composés d'argile ou terre glaise sous laquelle a passé un feu souterrain (1), qui l'a séchée et crevassée, et en a formé des colonnes prismatiques, qu'il a ensuite soulevées et jetées à la surface du globe.

On pourrait s'assurer de ce fait en plaçant du sable au fond d'une chaudière et sur les côtés, et en mettant de la terre glaise au milieu comme dans une espece de bain-marie. En chauffant ensuite le dessous et les côtés de cette chaudiere, je suis convaincu que la terre glaise se changerait en colonnes basaltiques. J'en ferai moi-même l'épreuve un jour que mes occupations me le permettront.

Depuis que la notice ci-dessus est écrite, le passage suivant m'est tombé sous les yeux; il prouvera que l'expérience que je me proposais de faire est désormais superflue :

« On lit dans le *Journal des Mines*, vendémiaire, brumaire et frimaire an VII, page 76, relativement a des morceaux d'argile cuite qui avaient pris à l'intérieur un retrait en prismes réguliers.

(1) M A Boué, dans ses *Memoires géologiques*. tome Ier, 1832, page 277, dit, à propos des basaltes que l'on trouve pres de la forteresse de Diadine en Arménie, qu'il en jaillit une grande quantite de sources chaudes *sulfureuses*, ce qui est une preuve qu'ils ont dû être soulevés par le soufre enflamme.

» Citoyen,

» La notice insérée au n° XLII du *Journal des Mines* sur des prismes réguliers trouvés dans une carrière m'a rappelé une de ces formations que le hasard m'a fait connaître en Angleterre en 1786, et que l'on peut regarder comme artificielle quoique l'art n'ait pas cherché à la produire.

» J'examinais auprès de Sheffield les matériaux destinés aux réparations des chemins; j'en avais cassé plusieurs pour reconnaître leur nature · quelques fractures attirèrent plus particulièrement mon attention. En multipliant mes tentatives, je reconnus que plusieurs de ces morceaux d'argile cuite, très-informes à l'extérieur, avaient éprouvé dans l'intérieur un retrait tel que la masse s'était divisée et formait des prismes très-réguliers *semblables à ceux de basalte.* Cette observation a paru nouvelle alors à plusieurs savants distingués en Angleterre, à qui je montrai les morceaux que j'avais ramassés; *elle ne nous apprend rien* (1). Nous avons déjà les basaltes en grand, des mines de fer limoneuses, l'amidon, qui nous offrent de pareils retraits. Cependant, comme alors elle a paru curieuse à plusieurs amateurs d'histoire naturelle, et que je la crois peu connue, je vous l'envoie, dans le cas où vous croiriez utile de lui donner de la publicité.

» Plusieurs savants de l'Institut pourront se rappeler avoir vu les morceaux que j'avais rapportés. On pourrait s'en procurer de pareils surtout en Angleterre. Dans plusieurs lieux où les mines de char-

(1) M. Grossart Virly nous dit ici ingénument que ce fait ne nous apprend rien. Quoi ? pas même que les basaltes pourraient bien être produits de même, monsieur Grossart ?

PASSARD.

bon sont extrêmement abondantes, il est moins dispendieux, pour réparer les chemins, de faire cuire de l'argile qu'on a sous la main que d'aller chercher des pierres éloignées. C'est dans de pareils matériaux destinés a la réparation de la route que j'ai trouvé les prismes dont je parle, et, en en cassant un certain nombre, on peut être assuré de trouver de ces prismes plus ou moins réguliers.

« GROSSART VIRLY. »

DE LA GROTTE DE FINGAL

DANS L'ILE DE STAFFA

—

Si nous en revenons à la grotte de Fingal de l'île de Staffa, que la reine Victoria, qui l'a visitée il y a quelques années, appelle « la merveille de son empire, » je dirai que l'ouverture en a été formée par des colonnes qui sont retombées après le soulèvement. Si la partie supérieure est restée suspendue, cela vient de ce que la tête des colonnes s'est trouvée cimentée par des sables et des terres que les eaux et les vents ont entraînés dans les interstices.

Louis Enault, qui nous fait connaître l'impression qu'éprouva la reine Victoria en présence de la grotte de Staffa, nous fait aussi connaître la sienne, qu'il dépeint ainsi :

« Deux coups d'aviron me placèrent en face de ce spectacle inattendu.

» Ce qui s'offrit alors à moi dépassa tout ce qu'avait rêvé mon imagination, excitée par les récits enthousiastes de nos matelots.

» Elle-même, dans ses conceptions les plus grandioses, l'architecture religieuse était surpassée; ni Rennes, ni Strasbourg, ni Cologne, ne m'ont causé une plus profonde émotion. Je me trouvais à l'entrée d'un temple magnifique.

» Le portail, surmonté d'une arche majestueuse, rejette de chaque côté, sur les murs exterieurs, de longues files de colonnes dont la simplicité robuste et la grandeur calme me rappelaient l'ordre dorique; elles épuisent toutes les combinaisons de disposition et d'arrangement trouvées jadis par les architectes grecs. Tantôt elles sont engagées dans la muraille de basalte, tantôt doublées par couples égales, tantôt flanquées par deux demi-pilastres, enfin isolées, liées, accouplées et nichées; tantôt les groupes sont rares et tantôt serrés.

» Le portail est surmonté d'une immense ogive dont les deux bras se rencontrent a quatre-vingts pieds au-dessus de la mer, et se réunissent comme pour former l'arc de triomphe de quelque conquérant barbare.

» J'entrai enfin.

» A l'intérieur, la cave est entièrement faite de piliers, — le souverain artiste n'a daigné admettre aucun autre élément dans sa construction, — les murs, — si je puis employer cette expression, — ne sont autre chose qu'une série de piliers non interrompus. Ces piliers, presque tous perpendiculaires, présentent une légere concavité; leurs saillies inégales rompent a chaque instant la monotonie des lignes droites; le regard s'arrête a chaque angle: les points d'intersection sont nettement indiqués a l'œil par de brillants filets de spathe; sa voûte audacieuse, d'un seul jet, lance d'un mur a l'autre la courbe que rien ne soutient; mais cette voûte elle-même est formée d'une agglomération de colonnes brisées qui descendent à des hauteurs inégales, comme des pendentifs capricieux. »

Il y a dans l'île de Stafla même une autre grotte du genre de celle de Fingal et formée de même, mais qui est beaucoup moins vaste et moins régulière.

Dans le nord de l'Ecosse, en Irlande et aux Hébrides, la grotte de Staffa est appelée grotte de Fiuhn ou grotte de *Fiuhn mac Coul*, dont par corruption on a fait Fingal. C'est de *Fiuhn mac Coul* ou *Fingal*, célèbre guerrier des premiers siècles de l'ere chrétienne, que les *Finians* tirent leur nom.

Fiuhn mac Coul signifie en celtique *Fiuhn, enfant de Coul.* Il était lui-même, suivant Macpherson, père d'Ossian, le célebre barde du troisième siècle, pour les poésies duquel Napoléon avait tant d'admiration, au point qu'il disait qu'Homère n'était que du fatras à côté. Je ferai remarquer ici qu'Ossian appartient à notre race, puisque c'est un enfant des Celtes.

L'Ossian de Napoléon est au Louvre, au musée des souverains. L'édition est in-4°.

NOTE POUR LA PAGE 114.

On lit dans Delametherie, *Théorie de la terre*, 2e édit. t. Ier, p. 245.

« Les anciens ont nommé *œtite* ou pierre d'aigle une mine de fer limoneux en masses arrondies, creusées en dedans, et contenant un corps ferrugineux séparé. En agitant la pierre, on entend un bruit qui se fait intérieurement.

» On ne peut expliquer l'origine de ce corps intérieur séparé de la masse, que par un retrait. Toute la masse était humide, elle s'est desséchée d'abord à l'extérieur, ensuite à l'intérieur; il s'est formé, par conséquent, un vide dans cet intérieur. »

Nota. Il est facile de comprendre aujourd'hui que ce corps intérieur n'est autre que celui de l'animalcule qui s'est desséché dans sa cuirasse.

CULTURE SUPPOSÉE POSSIBLE

DE L'OR ET DES AUTRES MINÉRAUX

Dans une note insérée page 104 de l'*Univers* (*Paris avant les hommes*, j'ai expliqué comment j'avais appris que le fer, l'or, le cuivre, l'agate et tous les autres minéraux étaient composés de carapaces d'animalcules, ce qui m'a conduit à supposer qu'il serait peut-être un jour possible de cultiver l'or et tous les minéraux en général, si on réussissait à découvrir les différents animalcules qui le produisent, si toutefois les espèces productrices font encore partie de la faune actuelle.

Des renseignements nouveaux, qui me sont parvenus depuis, ont donné chez moi une nouvelle force a cette opinion.

M. Victor Meunier, tout en plaisantant sur un mot qui prêtait à équivoque d'une lettre que j'ai adressée à Sa Majesté l'Empereur à ce sujet (1),

(1) « *A Sa Majesté l'Empereur Napoléon III*.

» Sire,

» Dans un entretien que j'ai eu hier avec un naturaliste distingué, M. P.-Ch. Joubert, j'ai appris de lui que, dans les eaux de la *Moselle* vivait un infiniment petit animalcule dont, après sa mort, la réunion par masses de sa carapace produisait du minerai de fer.

» Le même naturaliste m'a affirmé qu'en examinant l'agate au microscope, on reconnaissait qu'elle était également comet que je reproduis ici, s'exprimait récemment ainsi tant sur l'animalcule aurigène que sur l'animalcule ferrigène :

« Je ne sais si l'animalcule, qu'il ne s'agit plus peut-être que de découvrir pour produire de l'or, a fait aucun progres, mais quant à l'animalcule producteur de fer, *il est de toute vérité.* Nous savions déja depuis longtemps, grâce à M. Ehrenberg, que le fer limoneux n'est autre chose qu'un amas de carapaces d'animalcules fossiles (*les gaillonnella ferruginea*) (1); or, ce que ces animalcules faisaient dans les temps géologiques, d'autres le font aujourd'hui, *et on voit en ce moment à Londres* un échantillon de minerai de lac (*lake ore*) envoyé par la Suède, et dont l'agglomération est l'œuvre d'un infusoire. M. de

posée par la réunion de carapaces d'un même animalcule. M. P.-Ch. Joubert m'a dit, en outre, que le cuivre, l'or et tous les autres minéraux étaient également produits par des animalcules. Ces faits me donnent à penser que, si réellement l'or est le résultat de l'agglomération et de la transformation d'un animalcule, il ne s'agirait peut-être plus que de le découvrir et de le cultiver en le plaçant dans un milieu qui lui permette de vivre et de se développer pour produire de l'or.

» J'ai cru devoir soumettre cette idée à Votre Majesté, qui pourrait la faire étudier, si elle l'en croit digne.

» J'ai l'honneur d'être, Sire, de Votre Majesté, le très-humble, très-obéissant et fidèle sujet,

PASSARD,

» Libraire, rue des Grands-Augustins »

(1) *Voir la note page* 112.

Watteville (1) vient précisément de faire connaître au public français les intéressantes études d'un naturaliste scandinave, M. Sjogreen, qui s'est plu à suivre dans toutes ses phases le travail de cette petite bête, s'entourant pour mourir en paix d'une enveloppe métallique. Ainsi enveloppé, l'infusoire a les dimensions d'un œuf de grenouille. L'espèce s'accumule *dans certains cours d'eau* de la Suede au point de former des gisements de 200 mètres de long sur 5 à 10 mètres de large, et une épaisseur de 8 à 10 pouces. Ce minerai se pêche, et un homme peut en amasser jusqu'à une demi-tonne par jour.

(1) Voici dans quels termes s'exprime à ce sujet M. de Watteville dans le *Journal général de l'Instruction publique* du 20 aout 1862, dans un article intitulé *les Insectes metallurgiques.*

« En étudiant les admirables échantillons de fer envoyés par la Suede à l'exposition de Londres, mon attention fut attirée par de petits flacons placés dans un coin obscur et renfermant divers minerais de fer à formes bizarres, à noms plus bizarres encore. Sur ces flacons on lisait *Pearl-ore*, *Bur-ore*, *Money-ore*, *Cake-ore*, *Graggy-ore*, *Gunpowder-ore*, rien de plus. Pour satisfaire ma curiosité, j'allai interroger MM. les commissaires suedois. A ma grande surprise, ils m'apprirent que ces minerais avaient été elabores dans les lacs de la Suede par des insectes infusoires; que ce fer, produit de l'industrie des infiniment petits, se trouvait en quantité assez considerable pour être exploite avec succes, et voyant l'intérêt avec lequel j'accueillais leurs reponses, ils me remirent un mémoire de M. C.-W. Sjogreen, memoire qui m'a paru renfermer des faits si peu connus, si neufs, si dignes d'intérêt, que je crois devoir en donner ici l'analyse, etc., etc. »

Voici le titre du memoire en question : *On the Swedist Lake-ores, an illustration of samples sent to the great exhibition in London* 1852, *by C.-W. Sjogreen. Ekesjo*, 1862; *in-8°, printed by A. Nilson.*

Sam, dans la *Patrie* du 15 septembre 1862, a également et d'apres M. de Watteville même parle des animalcules ferrigenes.

Les Suédois et les Prussiens l'ont en grande estime. Il renferme de 20 à 60 pour 100 d'oxyde de fer. »

M. Victor Meunier ajoute, et ce n'est pas là le côté le plus brillant de ses observations :

« Il est entendu que les infusoires du *lake ore* ne produisent pas de fer, et qu'ils fixent simplement autour d'eux le fer dissous dans les eaux qu'ils habitent. »

Comme on le voit, l'animalcule ferrigène de la Suède est lacustre, c'est-à-dire d'eau douce (de lac, de rivière ou de marais). Je vais démontrer d'une manière pour ainsi dire irréfutable qu'il doit en être de même de l'animalcule aurigène, et qu'il doit exister dans les rivières et marais aurifères de la Russie d'Asie.

Voici, à l'appui de cette opinion, des renseignements que je puise dans un article d'Alexandre de Humboldt sur les mines d'or de la Sibérie ou Russie asiatique, article inséré dans la *Revue de l'Orient* (mai 1843), et dont je citerai des fragments seulement.

Alexandre de Humboldt pense que les mines d'or de la Russie d'Asie sont dues à des alluvions; mais il suffit de lire attentivement certains passages de son article pour se convaincre du contraire et reconnaître que l'or ne doit être, comme le fer de la Suède que le résultat de la longue agglomération de ca, rapaces d'un même animalcule.

Voici quelques passages de cet article

« Les dépôts arénacés ou sables aurifères et platinifères de l'Oural couvrent en général des roches de diverses natures, et qui sont *depourvues*, autant du moins qu'on les a examinées jusqu'ici, d'or et de platine. — On ne peut presque citer comme exception que le plateau de Beresowsk, de deux lieues carrées, et un terrain *marécageux* (1) près de Miask. » (Page 89.)

. . . . , ... , ...

« Les couches d'atterrissements ou sables aurifères, placées sur des roches, *qui elles-mêmes ne renferment ni or ni platine,* offrent la plus grande variété de composition minéralogique, etc. » (Page 89.)

. . . .

« Dans le système des alluvions de la rivière Koundat, affluent de la Kya, on a trouvé des masses d'or arrondies de trois à cinq livres. » (Page 94.)

. . . .

« Ce sont surtout les alluvions qui constituent les principales richesses [des mines]. » (Page 87.)

. . . .

« Les percements souterrains sont très-rares. Je ne les ai trouvés que dans l'alluvion de Nagornos (près Beresowsk), où deux ou trois pieds de sables aurifères sont recouverts par quinze pieds d'atterrissements *stériles.* » (Page 91.)

. . . .

« Cette abondance prodigieuse de l'or asiatique, ces masses d'or natif trouvées à de très-petites profondeurs au-dessous du gazon, atteignant jusqu'au poids de 36 kilogrammes, rappellent presque involontairement les Issedoms, les Arismarpes et cette source primitive de l'or des Grecs, etc. » (Page 87.)

. . . .

« Je trouve que les alluvions aurifères *forment des zones oblongues très-allongées*, le rapport de la largeur à la longueur étant plus généralement, dans les grandes alluvions (celles qui excedent 250 toises)

(1) On est prié de remarquer combien les expressions *stériles, dépourvues d'or, alluvions, racines, plantes aquatiques, anfractuosités, cavités, rivières, cours d'eau, marais, endroits marécageux*, viendront fréquemment.

comme 1,20, dans les plus courtes 1,12; elles sont disposées par groupes, tantôt *sur des plateaux arides*, tantôt *le long des rivières ou dans des endroits marécageux* couverts de joncs ou de cypéracées. Dans le premier cas, aucun accident de la surface actuelle du sol n'annonce leur présence, et cependant, *parallèles entre elles*, on voit les alluvions de sable aurifères souvent séparées par des atterrissements *dépourvus de toute parcelle d'or*. — La ou les sables aurifères suivent les bords des rivières ou se trouvent dirigés perpendiculairement à ces bords, on remarque généralement que le cours impérieux des rivières, et surtout *les affluents des affluents*, offrent dans leur proximité (1) les exploitations les plus riches. » (Page 90.)

. . . .

« La puissance ou épaisseur des sables aurifères est aussi variable que leurs dimensions horizontales. La couche qui mérite d'être exploitée ne forme *constamment* qu'une faible partie de l'épaisseur de l'atterrissement total. Cette couche se trouve soit immédiatement au-dessous de la surface du sol, même adhérente aux racines de graminées et de *plantes aquatiques*, soit couverte de tourbe. D'autres fois, la couche de sables aurifères occupe le milieu de l'atterrissement total, étant séparée *de la manière la plus tranchée* des strates (*couches*) supérieurs et inférieurs qui sont *dépourvus* d'or et de platine; d'autres fois encore, l'or forme la couche la plus basse,

(1) Il est utile de remarquer que ce n'est pas dans le cours impérieux des rivières, mais bien dans leur proximité, que se trouvent les plus riches exploitations. La raison en est facile à expliquer, c'est que dans le voisinage d'un coude ou rapide, il y a toujours un dormant. Voir aussi la note 2 de la page 120.

celle qui recouvre immédiatement la roche en place. Enfin, j'ai vu pénétrer l'or dans les fentes mêmes de la roche schisteuse, qui, dans sa masse entière et dans ses filons, en était *totalement dépourvue.* » (P. 91.)

. . . .

« Les alluvions de l'Oural portent le caractère de dépôts dus à de *très-petites rivieres* ou a des *bassins lacustres* aujourd'hui desséchés. » (Page 91.)

. . . .

« Les gîtes aurifères de quelques parties de l'Amérique *presentent certains caractères des gîtes aurifères de l'Asie russe.* » (Page 91.)

. . . .

Alexandre de Humboldt continue ainsi :

« En lisant avec attention les descriptions que les premiers écrivains de la *conquista*, surtout Oviedo et Anghiera, ont données de l'exploitation des terrains aurifères d'Haïti, on est frappe à la fois et de la ressemblance extrême qu'offraient ces exploitations avec celles de l'Oural, et de la sagacité avec laquelle on raisonnait déja sur l'origine des atterrissements.» (Page 91.)

» Voici les renseignements puisés dans la *Relacion sumaria* d'Oviedo et dans les *Oceanica* d'Anghiera :

. . . .

« L'or dans l'île d'Haïti se trouve de deux manières, *soit dans les rivières ou sur leurs bords,* soit dans les savanes, qui sont des plateaux secs (1), soit dans les plaines *llanas y negas* (arides et nues), ou à la pente des montagnes dépourvues d'arbres. Il paraît même que l'*oro de çavana* (2) est plus commun que

(1) Ces plateaux secs ne sont autres que d'anciens marais desséchés.

Paßsard.

(2) L'or des savanes.

l'*oro de los rios* (1). Quelquefois aussi on exploite l'or là où il y a eu de grands arbres que l'on s'est vu forcé d'abattre ; les grains d'or se rencontrent entre les racines des arbres (*inter arborum radices*) et immédiatement sous le gazon... »

. . . .

« Les Indiens détournent aussi le cours des *rivières* pour mettre le fond à sec, ils trouvent alors les grains les plus gros entre les cailloux. » (Page 92.)

. . . .

« Il ne faut pas croire que l'or ait pris naissance dans l'endroit où nous le voyons mêlé à la terre, dans les lieux qui sont à sec aujourd'hui ; l'or y a été apporté par les eaux courantes et disséminé (2), etc. » (Page 92.)

. . . .

« Les grandes pepites d'or se trouvent même quelquefois au-dessus du sol. Plus les grains sont éloignés de leur origine, qui sont les hautes montagnes, plus ils sont de bon aloi et lisses à la surface ; au contraire, lorsque l'or se trouve près de la mine, du sillon ou gîte de minerai où il a pris naissance, les grains sont raboteux, de mauvais aloi et perdent beaucoup à la fonte. »

« Tels sont, dit encore Alexandre de Humboldt, les passages les plus curieux d'ouvrages trop négligés de nos jours. » Puis il continue en disant :

« Dans les transports des grains d'or par les courants, il faut distinguer entre les effets qui résultent de la diminution de vitesse qu'éprouvent les courants à mesure qu'ils s'éloignent de leur source et la

(1) L'or des rivières.

(2) Je suppose au contraire que c'est en général dans l'endroit où on le trouve que l'or a pris naissance : on en verra plus loin la raison.

résistance qu'opposent les masses ou grains de différents poids absolus. Je doute un peu de l'influence que la position relative de ces atterrissements a exercée sur le titre de l'or. »

Mais, en général, les arguments géologiques des deux auteurs du seizième siecle different bien peu des théories que nous hasardons aujourd'hui. L'un et l'autre de ces auteurs affirment que les alluvions aurifères d'Haïti sont dues à la destruction de filons qui traversent les roches restées *sur place* dans les hautes montagnes. « Ces gîtes primitifs de minerais, ajoute poétiquement Anghiera, sont des arbres vivaces qui ont leurs racines dans les profondeurs de la terre et qui poussent leurs rameaux pour atteindre la surface du sol, le contact de l'atmosphere (*cœli auram*), et développer leurs fruits d'or à l'extrémité des branches. Les atterrissements s'enrichissent par la décomposition des filons dans leurs effleurements. » (Page 93.)

Voici maintenant sur le même sujet des passages tirés de l'ouvrage intitulé : *Essais divers servant d'introduction au Catalogue de l'Exposition des produits de la colonie Victoria, mettant en relief les progrès, les ressources et le caractere physique de la colonie*, par MM. Archer, Mueller, Broug Smyth, Neumayer, Mac Coy, Selvyn et Byrkmyre ; Melbourne (Australie), 1861, in-8° de 209 pages.

. . . .

« Un examen de la nature des veines de quartz aurifères tend a prouver que d'immenses masses verticales de schistes et de gres doivent avoir été usées et lavées dans l'espace des temps, pour permettre l'accumulation d'aussi grandes quantités d'or, en particules aussi minimes, *dans les vallées et cours d'eau.* » (Page 87.)

. . . .

« Dans les ravins et les criques, où les récentes accumulations des sables, graviers et terres se présentent, l'or est trouvé dans les crevasses et cavités des surfaces de rocs d'ardoise, et est disséminé au travers de toute l'étendue en poudre, petits grains et lingots. » (Page 91.)

. . . .

« Naturellement, d'après cet état de choses, nous avons des dépôts d'or à diverses profondeurs et de différents âges. » (Page 91.)

. . . .

« Il y a tout lieu de croire que l'or trouvé dans l'alluvion a été dérivé exclusivement de veines entrecoupant les schistes et les grès. » (Page 87.)

. . . .

« Ces veines furent d'abord découvertes en nombreux endroits, à la crête des montagnes formant les conduits d'eau des ravins aurifères, et elles étaient également trouvées formant le lit des dépôts d'alluvions. » (Page 100.)

. . . .

« Plusieurs personnes croient que là où ces conduits ou filons se présentent, si le basalte et les rocs tertiaires qu'ils recouvrent étaient entièrement déplacés de la surface des rocs primitifs, cette surface *présenterait un système de cours d'eau tout à fait semblables à ceux qu'on voit aux sources des rivières.* D'autres personnes supposent que l'ancienne surface ressemblerait plutôt à ce qui serait formé par l'action d'une mer peu profonde ou d'une embouchure de fleuve. Il est certain, cependant, qu'à Ballaarat ces filons, autant qu'ils ont été explorés, ne sont pas dissemblables à des *cours d'eau ordinaires.* » (Page 95.)

« Il y a en tout 311 machines à vapeur d'une force de 4,298 chevaux employées à extraire l'or de l'alluvion. » [En Australie.] (Page 95.)

Le temps me manque pour faire une longue dissertation sur les passages que je viens de citer, sur l'origine de l'or et sur les lieux ou on le trouve. Je me bornerai seulement à faire connaître les déductions et la conclusion que je tire de ces passages, laissant aux lecteurs à juger par eux-mêmes si mes idées leur paraissent fondées ou non.

Je dirai :

Les théories des écrivains de la conquête (*conquista*) de l'Amérique, Oviedo et Anghiera, qui font venir l'or de la décomposition de roches *restees en place*, c'est-à-dire d'une décomposition partielle, ou d'arbres qui ont leurs racines dans les profondeurs de la terre, et qui poussent leurs rameaux pour atteindre la surface du sol et y développer leurs fruits d'or a l'extrémité des branches étant absurdes, il est inutile de s'en occuper, parce qu'elles n'en valent pas la peine.

Cela dit, il me reste seulement à répondre à celles d'Alexandre de Humboldt et du rédacteur du *Livret des produits de la colonie Victoria à l'Exposition universelle de Londres de* 1862.

Comme ces deux théories s'accordent à dire que l'or provient de la décomposition totale et non partielle d'anciennes roches, elles peuvent être confondues en une seule, et les objections qui seront opposées à l'une seront valables pour l'autre (1).

Je me contenterai donc de dire .

(1) Voici encore un renseignement qui, bien qu'il ne soit pas précis, semble vouloir dire que le cuivre également doit suivre le cours des rivières. On lit dans le *Voyage du prince Waldemar de Prusse dans l'Indoustan et dans l'Hima-*

Quelle que soit la profondeur ou le lieu où l'on trouve de l'or, c'est toujours dans des endroits où il y a eu de l'eau, ou bien des endroits où il y en a, soit dans le lit d'anciennes rivières ou dans des marais desséchés, soit dans des marais ou dans des courants d'eau actuels. La position presque constante de l'or par filons dans l'intérieur de la terre prouve suffisamment la vérité de ce que j'avance ; de sorte qu'en partant de ce principe, je suis autorisé à dire que *l'or affectionne l'eau.*

Une preuve maintenant à l'appui de cette dernière opinion.

On lit page 91 de la *Revue de l'Orient*, mai 1843, le passage suivant, déjà cité :

« Les alluvions de l'Oural portent le caractère de dépôts dus à de très-petites rivieres et a des bassins lacustres aujourd'hui desséchés. » (1).

Ceci prouve mieux que tous les raisonnements

laya (*Hemalaya*, lieu de la neige) : « Le défilé de Sisva-Gorii fut franchi le 8 février... Un des vallons avoisinants porte le nom de Tambanchami-Naddi, ce qui veut dire *fleuve de cuivre*, à cause des mines de cuivre et de fer qui s'y trouvent, et dont les indigenes sont tellement jaloux qu'ils interdisent aux etrangers de les visiter. » (*Revue germanique*, nº de janvier 1858, page 54.)

(1) Le redacteur du livret des produits de Victoria à l'Exposition de Londres dit, page 91, ainsi que je l'ai déjà rapporte :

« Nous avons des dépôts d'or à diverses profondeurs et de différents ages. »

Ce qui veut dire qu'au fur et à mesure que les atterrissements ont augmente et que les rivieres ont change de lit, l'animalcule aurigene a suivi l'eau, et l'or a monte d'un etage.

On peut consulter encore l'ouvrage intitule : *Statistique geologique, mineralogique, metallurgique et paleontologique du departement de la Meuse*, par A. Buvignier, 1 fort volume in-8º, avec atlas in-folio de 32 planches. Paris, J.-B. Bailliere : on verra sur la carte une riviere de fer côtoyant

possibles que toujours où on trouve de l'or il y a de l'eau, ou bien il y en a eu, ce que prouve également encore la phrase déja aussi mentionnée d'Alexandre de Humboldt, qui a dit:

« Je trouve que les alluvions auriferes forment des zones *oblongues allongées...* Elles sont disposees par groupes, tantôt sur des plateaux arides, tantôt le long des rivières ou des endroits *marécageux* couverts de joncs et de cypéracées. Dans le premier cas, aucun accident de la surface actuelle du sol n'annonce leur présence, et cependant, parallèles entre elles, on voit les alluvions de sables auriferes souvent séparées par des atterrissements dépourvus de toute parcelle d'or. »

une riviere aquatique, ce qui indique encore que là aussi la riviere a change de lit.

Si l'or venait de roches en decomposition, ce serait le plus profond dans l'alluvion qui serait le plus récent, puisqu'il serait le dernier forme, tandis que, je le suppose, ce n'est pas ainsi qu'on l'entend, car Alexandre de Humboldt dit, *d'apres Oviedo et Anghiera* : « Plus les grains sont eloignes du lieu de leur origine qui sont les hautes montagnes, plus ils sont de bon aloi et lisses à la surface , au contraire, lorsque l'or se trouve pres de la mine, du filon ou gîte de minerai où il a pris naissance, les grains sont raboteux, de mauvais aloi, et perdent beaucoup à la fonte .. » Puis il ajoute : « Je doute un peu de l'influence que la position relative de ces atterrissements a exercée sur le titre de l'or. »

Je ne partage nullement cette derniere opinion d'Alexandre de Humboldt, et suis au contraire tres dispose à croire juste le raisonnement d'Oviedo et d'Anghiera, par la raison que la partie raboteuse de l'or à sa source ne peut se composer que des derniers animalcules qui se sont superposes sur les premiers, et dont la transformation en minerai parfait n'est pas encore accomplie, tandis que les grains eloignes de la source, c'est-à-dire ceux qui ont voyage, ne sont devenus lisses que parce que cette partie raboteuse a disparu pendant le transport par le frottement contre les cailloux.

Ce qui me confirme dans cette opinion, c'est qu'un officier habitant Compiègne, et ancien ami de Boitard, me disait il y

Je ne puis donner de preuves plus convaincantes que l'or affectionne l'eau; mais je prie surtout de remarquer la dernière phrase que je viens de citer, car elle est d'une très-grande importance.

Comment expliquer que les alluvions de sables aurifères soient separées par ces atterrissements dépourvus de toute parcelle d'or, lorsqu'on admet que les uns et les autres proviennent des montagnes, d'ou soi-disant ils auraient été entraînés par les eaux, qui seules les auraient déposés dans les vallées ou ils sont présentement? Admettre un pareil raisonnement, ce serait admettre que, pendant la descente, l'or aurait eu l'intelligence de se séparer des terrains alluvionnaires et de se choisir des gîtes particuliers

quelques mois, apres avoir lu ma lettre à l'Empereur, être allé en Californie et avoir eu en main une matiere qui lui a semble etre de l'or en voie de formation. Il ajoutait : « Cette matiere a ete analysee, on y a trouvé de l'or en petite quantité, il est vrai, mais on y en a trouve. Je suis persuade que cette matiere sera de l'or, tant elle a de ressemblance avec le minerai d'or, peut-être un jour trouvera-t-on un moyen d'en accelérer la transformation. » ajoutait-il.

En relisant l'article de M. Watteville sur le minerai de lac de la Suède, j'y lis le passage suivant de M Sjogreen, naturaliste suedois, qui s'est occupé des gaillonnelles ferrugineuses : « Apres une baisse des eaux .., je trouvai à la profondeur de trois décimetres un gisement qui n'etait pas encore *mûr*, si l'on peut s'exprimer ainsi. »

Si tous ces renseignements ne sont pas suffisants pour convaincre les plus incredules, que l'on m'en donne d'autres, je ne refuserai pas d'y croire s'ils me paraissent concluants : je cherche la verité.

Ainsi que je l'ai dit dans mon prospectus, pour chacune de ses transformations Dieu se sert d'un agent, il n'y a pas d'effet sans cause, et si l'animalcule aurigene n'est pas l'agent dont il s'est servi pour produire de l'or, qu'on me dise quel moyen il a employé pour en faire. Si on me disait que sa volonte seule a suffi, je repondrais que sa volonte seule suffirait aussi pour qu'il nous donnat du pain sans ble ou autres grains, et que cependant il ne le fait pas.

a sa convenance, sans qu'aucune de ses parcelles restât dans l'alluvion. Un pareil raisonnement ne se discute même pas : le simple bon sens en fait justice.

Suivant Alexandre de Humboldt et le rédacteur du *Livret de la colonie de Victoria*, l'or se trouve :

1° Sur la crête des montagnes, dans les conduits d'eaux des ravins aurifères et dans ces ravins mêmes, comme l'indique suffisamment leur nom ;

2° Dans les affluents des affluents des rivières ;

3° Dans les coudes ou dormants des rivières ;

4° Dans les anfractuosités de roches qui elles-mêmes en sont totalement dépourvues ;

5° Adhérent aux racines des graminées ;

6° — — des plantes aquatiques (1);

7° — — des arbres ;

8° Au pied des arbres, même là où il n'y a plus d'eau ;

9° Dans le lit des rivières, entre les cailloux ;

10° Dans des marais ou bassins *lacustres* aujourd'hui desséchés ;

11° Dans des terrains marécageux, c'est-à-dire encore couverts par les eaux ;

12° Le plus généralement disposés par filons, ce qui indique suffisamment qu'il a suivi ou suit des cours d'eau (2).

(1) Il en est de même de tous les minéraux, le charbon de terre et la tourbe exceptés.

(2) On lit dans Delametherie), *Théorie de la terre*, t. I, 2e édit., 1797, p. 244, à l'article intitulé *Du fer limoneux* :

« OSTROCOLLE. Ce sont des dépôts calcaires et ferrugineux qui se sont faits *sur des plantes marécageuses*, et dont ils ont conservé l'empreinte, ce qui représente des tubes.

» Enfin, la figure de ces espèces de mines variera suivant celle des corps sur lesquels se feront les dépôts. »

A tout ceci je réponds :

L'or que l'on trouve dans les rivieres et les marais ne vient pas de l'alluvion, mais, comme je l'ai dit dans ma lettre à l'Empereur, il est le résultat de l'agglomération et de la transformation de carapaces d'un animalcule *lacustre*, c'est-a-dire qui habite les *lacs* ou l'eau douce (les rivières et les marais), et chaque endroit ou on le trouve est une preuve à l'appui de cette opinion. Tout indique que partout ou cet animalcule a pu trouver un asile, partout où il a rencontré une protection contre la rapidité des courants, comme les conduits d'eau des ravins aurifères, les petites rivières, affluents des affluents, les coudes ou dormants, les racines des arbres, les anfractuosités des roches, ainsi que les marais tranquilles, il y a vécu en paix et s'y est développé(1).

Observation. Il ne me semble pas impossible que la forme des paillettes sous laquelle on rencontre quelquefois l'or, ne soit aussi due aux plantes aquatiques sur lesquelles l'animalcule aurait vécu.

On lit encore dans Delametherie, t. V, p. 131, à l'article intitulé *De la direction des filons métalliques* :

« Les filons metalliques s'etendent ordinairement *en lignes droites*, en traversant des montagnes et des vallées souvent pendant plusieurs lieues, sans changer de direction sensiblement. .

» Ce phenomène, dit-il, est assez difficile à expliquer, on ne voit pas la cause qui a pu leur faire affecter cette direction constante. »

Nota. Ce phénomène s'explique, maintenant que l'on sait que les filons metalliques sont produits par des carapaces d'animalcules qui vivent dans les rivieres et les lacs.

(1) M. de Watteville dit des animalcules ferrugineux, dans son article inséré dans le *Journal général de l'Instruction publique*, déjà cité, que ces infusoires choisissent pour faire leurs travaux des eaux et des fonds à leur convenance, enfin, que les eaux calmes sans courant leur sont indispensables,

Que l'on recherche cet animalcule, et si on est assez heureux pour le retrouver, qu'on le place dans de semblables conditions, dans de meilleures encore, ce qui ne sera pas difficile, et il se développera et produira de l'or.

Ce que je viens de dire de l'animalcule aurigène est applicable à tous les autres animalcules, producteurs de minéraux.

Voici ce qu'on lit dans *le Monde* de Zimmermann, Paris, 1862, pages 131 et 132, sur les infiniment petits :

« Quelques-uns d'entre eux sont pourvus de cuirasses formées d'anneaux et d'écailles comme les écrevisses. *Ils jouent un rôle très-important dans la nature*, car *ils façonnent en partie la surface du sol d'après leurs propriétés.* Ils forment des couches considérables de fine terre siliceuse ou de silex (sable). Ces dernières substances ne sont autre chose que les cuirasses de ces animalcules, dont des centaines de millions tiennent dans l'espace d'un pouce cube. D'autres forment de vastes gisements de chaux carbonatée ; les terrains crétacés (composés en partie de craie) se composent des écailles calcaires de testacés également petits que l'on retrouve aussi dans la marne et la craie de la Méditerranée, ainsi que dans les pyromaques des terrains crétacés sur les bords de la Baltique. » (Voir pages 40 et 41 de *l'Angleterre avant les hommes*, d'Alphonse Esquiros.)

car, dit-il, on ne trouve jamais de minerai au milieu du courant des rivières, et si la rivière fait un *coude*, dit-il encore, on ne trouvera jamais de minerai que dans la partie intérieure ou concave de la courbe.

Il dit encore :

« Tous ces minerais se trouvent toujours *dans le voisinage des roseaux* ou sur les talus des bas-fonds des lacs les plu profonds. »

Comme on le voit par ce qui précède, tout le sable de l'immense Sahara est l'œuvre d'un animalcule.

Or, M. Victor Meunier dit, en parlant des animalcules ferrugineux, comme je l'ai déjà fait remarquer : « Ce que ces animalcules faisaient dans les temps géologiques, d'autres le font aujourd'hui, et on voit en ce moment à Londres un échantillon de minerai de lac (*lake ore*) envoyé par la Suède, et dont l'agglomération est l'œuvre d'un infusoire (1).

A ces observations j'ajoute celle-ci :

Dans les temps géologiques, des animalcules ont fait de l'or, d'autres doivent donc aussi en faire aujourd'hui, et maintenant que l'éveil est donné, il ne serait pas impossible qu'il arrivât un jour à Paris une dépêche télégraphique datée de Saint-Pétersbourg, de San-Francisco ou de Melbourne, ainsi conçue : « On vient de découvrir l'animalcule aurigène dans tel marais ou telle rivière de la Sibérie, de la Californie ou de l'Australie. »

(1) J'ai appris indirectement par l'un des élèves d'un savant professeur de la Sorbonne, dont par discrétion je tairai le nom, que ce dernier, en examinant le minerai d'or au microscope, avait reconnu qu'il était composé de carapaces d'animalcules.

DÉCOUVERTE DE L'OR EN IRLANDE

Depuis que ce Mémoire sur la culture de l'or est écrit, un article de la *Revue britannique* (octobre 1835), qui m'est tombé sous les yeux, est en quelque sorte venu confirmer tout ce que j'ai dit sur cet intéressant sujet.

L'espace me manquant, je donnerai seulement une analyse très-succincte de cet article; la voici :

On trouve de l'or dans le comté de Wicklow en Irlande; le dépôt principal est au pied du mont Croghon Kinkella. En 1801, on proposa de diriger les travaux de recherches du côté de la source du ruisseau dans lequel on le trouve, et de sonder la montagne jusqu'au rocher vif, afin d'exploiter les veines qu'on espérait y trouver dans le quartz. Le gouvernement anglais autorisa les travaux, la montagne fut fouillée, les substances minérales qu'on y trouva furent traitées par diverses méthodes ; mais, quelle que fût celle qu'on employât, on ne put en aucun cas obtenir la plus petite parcelle d'or. Après un résultat si malheureux, on regarda comme prouvé que les veines de la montagne ne contenaient point d'or, et l'entreprise fut abandonnée.

J'ajouterai maintenant :

Si l'or en question n'est pas produit par un animalcule vivant dans l'eau douce, puisque la montagne d'où le ruisseau où on le trouve tire sa source n'en contient pas non plus, n'est-ce pas le cas de dire avec l'auteur de l'article de la *Revue britannique*, qui me fournit ces renseignements : D'où vient-il ?

HISTOIRE DE DONAGHOO

INSTITUTEUR IRLANDAIS

La ville d'Arklow est plus animée que la plupart des autres bourgades du sud de l'Irlande ; son port, comme tous ceux qui sont situés entre Dublin et Waterford, est peu sûr et ne peut recevoir de gros navires. Je me dirigeai à l'ouest. Je parcourus quelques milles, et je m'arrêtai sur les bords d'un ruisseau qui roule, dit-on, un sable d'or. Une cinquantaine d'ouvriers étaient en effet occupés à extraire le précieux métal *du lit de ce filet d'eau*. Le directeur des travaux vint à moi, me montra quelques échantillons, s'empressa de me donner des détails sur son exploitation, et enfin me conta l'histoire de la découverte de ce pactole.

« Il y avait, me dit-il, vers la fin du siècle dernier, un pauvre maître d'école nommé Donaghoo, qui habitait la plus chétive cabane du village que vous voyez là-bas. Donaghoo n'avait qu'une douzaine d'écoliers dont les parents ne pouvaient donner que quatre ou cinq schellings de pension par année ; encore quelques-uns au lieu d'argent comptant, préféraient ils payer en nature et envoyaient de temps en temps au pauvre instituteur quelques pommes de terre ou un morceau de lard. Heureusement Donaghoo était philosophe ; il disait hautement qu'il méprisait les richesses, et bien qu'il fût réduit à jeûner plusieurs jours par semaine, à demeurer dans un taudis et à se vêtir comme un mendiant, il était toujours gai et de bonne humeur. Le soir, à la veillée, il racontait des histoires merveilleuses qui faisaient rêver ensuite tous ses auditeurs. Le dimanche il embouchait la cornemuse et faisait danser les gens sur le pré. Tout à coup la manière d'être de Donaghoo changea ; il ne parlait plus, il ne riait plus ; quand on lui demandait quelque histoire de fée ou de géant, il secouait la tête sans répondre ; c'est à peine s'il donnait d'un air distrait ses leçons accoutumées à ses élèves. Dès qu'il avait fini avec eux, il fermait la porte de son école, s'en allait errer tout seul dans la montagne et ne reparaissait plus qu'à la nuit.

On crut d'abord qu'il avait quelque chagrin ; mais, comme on n'en put deviner la cause, tout le village décida à l'unanimité que Donaghoo était devenu fou. Le curé dit des messes à son intention et les bonnes femmes firent une neuvaine à saint Patrick pour qu'il rendît au pauvre maître d'école sa raison et sa gaieté. La surprise des habitants redoubla quand, un beau matin, Donaghoo congédia tous ses élèves en les prévenant que dorénavant il ne ferait plus la classe, et qu'ils pourraient chercher un autre maître. Le lendemain, Donaghoo ne se montra pas. Après plusieurs heures d'attente et d'étonnement, les plus hardis pénétrèrent dans sa chaumière ; il n'y avait personne, mais la marmite, la paillasse, l'escabeau et l'encrier qui formaient tout le mobilier du maître d'école étaient intacts et disposés comme à l'ordinaire. Un livre de messe, un évangile, une grammaire et deux ou trois classiques latins, qui composaient toute sa bibliothèque, étaient rangés sur une petite planchette accrochée au mur.

Huit jours se passèrent sans que Donaghoo donnât de ses nouvelles. On commençait à croire que, dans ses courses vagabondes, il avait bien pu se laisser choir dans quelque précipice, lorsqu'un dimanche, au moment où tous les paysans étaient réunis à l'église, le curé se préparait à monter à l'autel, le maître d'école entra et s'agenouilla à sa place accoutumée. Les fidèles, malgré leur respect pour a sainteté du lieu, ne purent s'empêcher de témoigner leur joie et leur surprise en voyant Donaghoo. Ce n'était plus ce pauvre hère obligé de cacher ses membres amaigris sous des haillons sordides. Il portait un magnifique habit marron, des culottes de velours vert, des bas rayés et des souliers à boucles d'argent. Son chef était coiffé d'une magnifique perruque poudrée avec luxe, et terminée par un nœud de ruban artistement relevé.

Pendant tout le temps que dura le service divin, les femmes et les enfants ne cessèrent d'admirer la richesse du costume de Donaghoo, qui causa d'ailleurs au plus dévot et au curé lui-même plus d'une distraction.

Au sortir de la messe, le maître d'école fut entouré, félicité et surtout accablé de questions. Il remercia ses compatriotes de l'intérêt qu'ils lui témoignaient, mais il déconcerta et piqua encore plus la curiosité en se bornant à leur répondre d'un ton simple et franc :

— Je suis allé passer quelques jours à Dublin pour

mon agrément. Je ne veux plus être maître d'école, je suis fatigué de l'enseignement. J'aimerais être propriétaire, c'est pourquoi j'ai résolu d'acheter la grande ferme de Bellinagare, où vous serez toujours les bien-venus, quand il vous plaira, mes bons amis. »

« Les paysans se regardèrent les uns les autres et se dirent « Ce pauvre Donaghoo n'est pas guéri de sa folie; il sera bien heureux de retrouver sa chaumière et ses écoliers. » Mais l'ex-maître d'école acheta sur l'heure la ferme de Bellinagare, la paya comptant avec de bonnes livres sterling, et en prit possession le jour même, à la stupéfaction générale. Donaghoo régala tout le village, fit danser les jeunes filles et prouva que la prospérité n'avait point altéré ses bonnes qualités. Il prit à son service une douzaine de jeunes gens robustes et courageux, les fit travailler, exploita lui-même son domaine, et démontra clairement par sa conduite qu'il n'était pas fou le moins du monde. Seulement, il reprit peu à peu son habitude de se promener seul dans la campagne; on le suivit plusieurs fois pour savoir où il allait; mais il se tenait sur ses gardes, et il ne laissa jamais deviner le but de ses excursions solitaires. Tous les esprits étaient à la torture; les plus fortes têtes du village ne savaient à quelle cause attribuer un changement de fortune aussi subit, aussi extraordinaire. Les uns pensaient que le maître d'école avait fait un héritage; mais on savait qu'il n'avait aucun parent; étant encore tout enfant, il avait été abandonné sur une route, et recueilli par une pauvre femme, qui était morte dans la misère depuis plus de dix ans. D'autres étaient d'avis que Donaghoo était allé à Dublin faire une visite au vice-roi d'Irlande, et que celui-ci, charmé de l'érudition de l'instituteur campagnard, lui avait alloué une pension. Cette supposition ne parut pas plus satisfaisante que les autres, et on chercha vainement à dechiffrer cette énigme insoluble. Les femmes surtout mouraient d'envie de connaître le fameux secret; elles faisaient toutes sortes de charmantes avances a Donaghoo, afin de captiver sa confiance; mais elles en furent pour leurs œillades et leurs sourires; toutes leurs agaçeries échouèrent, il demeura impénétrable. Pourtant l'une d'elles, qui jusqu'alors n'avait fait aucuns frais pour plaire au nouveau propriétaire de Bellinagare, se vanta de découvrir le mystère. Elle s'appelait Mary Leahy; c'était une fille rusée, très-belle et très-coquette. Donaghoo avait autrefois poursuivi longtemps Mary de son amour; mais celle-ci avait toujours assez mal reçu le pauvre maître d'école, qui avait fini par perdre tout espoir en apprenant que la jeune fille aimait un robuste et beau garçon nommé Thomas, le fils d'un fermier des environs.

Mary dressa ses batteries; elle chercha les occasions de rencontrer Donaghoo, leva sur lui des regards furtifs; puis, quand les yeux du jeune homme rencontraient les siens, elle rougissait et paraissait confuse. Donaghoo s'aperçut de ce changement, qu'il attribua a sa nouvelle fortune; mais, comme il aimait passionnément Mary, il se dit que, s'il pouvait la faire consentir à l'épouser, il parviendrait bien ensuite, à force d'amour, à s'en faire aimer à son tour. Mary accueillit trés-favorablement la demande de Donaghoo, qui devint dès lors amoureux en titre et fut regardé comme son prétendu. De temps en temps Mary hasarda quelques questions indirectes sur l'origine de la fortune de son futur époux; elle choisissait adroitement les heures d'effusion, les moments où elle venait de charmer Donaghoo par une caresse, par quelques mots bien tendres; mais dès qu'elle entonnait le chapitre mystérieux, le front de son amant se rembrunissait, et le jeune homme devenait tout a coup pensif et taciturne. Alors Mary prenait le parti de bouder, et Donaghoo, pour l'apaiser, revenait vers elle, lui donnant les noms les plus doux; il lui jurait qu'il l'aimait de toute son âme, mais qu'il ne pouvait rien lui dire encore sur le sujet qui excitait sa curiosité; il ajoutait qu'elle saurait tout plus tard quand ils seraient mariés. La veille du jour fixé pour les noces, Mary fut plus charmante encore qu'a l'ordinaire pour son prétendu; elle le combla de caresses et de mille ravissantes cajoleries; puis elle s'interrompit un moment pour lui faire des reproches : « Je vous ai sacrifié mon » premier amant, lui dit-elle, je vous ai préféré à » tous mes prétendants; je vous ai donné mon cœur, » mon amour, et je vais vous consacrer ma vie en- » tière; je n'ai pas une pensée qui ne soit pour vous, » ingrat, et vous n'avez pas même voulu me donner » une preuve de confiance en me révélant vos se- » crets.—Demain tu sauras tout, répondit Donaghoo. » — Demain nous serons mariés et nous ne ferons » plus qu'un; vous n'aurez donc pas de mérite à » parler. Dites-moi tout ce soir; je veux tout savoir » à l'instant même. » Et la jeune fille accompagna cet ordre d'un baiser si enivrant, que Donaghoo, éperdu, se décida a faire un aveu complet : « J'ai » découvert une mine d'or, ma chère Mary. Tous les » soirs je vais recueillir le précieux métal sur les » bords du ruisseau qui coule au dela de notre mon- » tagne. Dans quelques années nous serons les plus » riches du pays, et nous pourrons acheter si nous » voulons la moitié du comté. »

» Mary remercia beaucoup son prétendu et alla se

coucher, mais elle ne ferma pas l'œil de la nuit. Le lendemain matin elle déclara qu'elle se sentait très-malade et demanda que le mariage fût remis à huitaine. La perfide ne perdit pas de temps; elle fit prevenir aussitôt son premier amoureux Thomas, se réconcilia avec lui et lui indiqua le *ruisseau* qui avait enrichi le maître d'école. Ils s'y rendirent tous deux, se promettant de ramasser tout l'or qu'ils verraient, afin d'en laisser le moins possible a Donaghoo; mais à peine etaient-ils arrivés qu'ils furent surpris par Donaghoo lui-même, qui reprocha amèrement a Mary son manque de foi. La jeune fille, jetant le masque, lui répondit hardiment qu'elle ne l'avait jamais aimé, qu'un instant elle s'était laissé éblouir par sa fortune, mais que dans son cœur elle était restée fidèle à Thomas, et que maintenant qu'elle avait en son pouvoir le moyen de s'enrichir avec son amant, elle comptait en profiter largement.

» Au lieu d'éclater en injures, Donaghoo se retira aussitôt sans rien dire; il courut aussitôt au village, et là, il apprit à tous les paysans comment la fortune gisait à quelques pas de leurs pauvres cabanes. « Vous n'avez qu'a vous donner la peine de vous » baisser, ajouta-t-il, et vous ramasserez assez d'or » pour vivre heureux, tranquilles, sans travailler. » Chacun s'empressa de voler au ruisseau qui, pendant plusieurs jours reçut, comme on l'imagine, plus de visiteurs qu'il n'en avait eu pendant des siècles. La grande nouvelle se répandit rapidement, et bientôt le gouvernement envoya des mineurs escortés de deux compagnies de la milice pour prendre possession de la source aurifère et des terrains environnants. Pendant plusieurs années l'opération fut très-fructueuse; mais le *filon* s'étant épuisé, le ruisseau et ses rives furent abandonnés. Toutefois, de temps a autre, les paysans continuèrent à trouver des parcelles du précieux métal. Ce n'est que depuis cinq ans qu'une compagnie de Londres, ayant fait explorer de nouveau cette mine, en fit l'acquisition, et les fouilles ont recommencé, mais avec peu de succès. Cinquante ouvriers environ sont occupés maintenant a remuer le limon qui forme le lit et les bords du ruisseau, mais la compagnie qui les emploie parvient a peine a couvrir ses frais, il est donc vraisemblable que cette opération sera prochainement suspendue.

Le comte DE LADEVÈZE (J. PREVOST). — *Un tour en Irlande;* Paris, Amyot, 1847, pages 200 et suivantes.

LES INFINIMENT PETITS

PIÈCE JUSTIFICATIVE

POUR LA CULTURE DE L'OR ET DES AUTRES MINÉRAUX.

The dust we tread upon was once alive.
BYRON.

Lorsque Byron écrivait que la « poussière sur laquelle nous marchons fut jadis vivante, » la science microscopique n'avait pas encore donné une idée exacte de la merveilleuse abondance de la nature.

Aujourd'hui, a l'aide du microscope, il a été permis aux observateurs d'avancer que des milliards d'êtres vivants végetent autour de nous, sur nous et dans nous.

Ces animaux ne sont pas seulement particuliers a notre époque, il en existait bien avant que la terre fût peuplce, les roches en sont composées, et seuls ils ont participé a leur formation.

Mettez sous la lentille d'un de ces prophétiques instruments une lame translucide d'une agate quelconque, vous constaterez sans peine que cette roche n'est qu'un composé d'insectes dont les carapaces sont juxtaposées.

Les calcaires, la pierre à bâtir ne sont que des agglomérations de coquilles a base de chaux, et l'on retrouve encore des especes si bien conservées, qu'elles servent à déterminer l'âge de leur formation.

Si l'on délaye dans l'eau un morceau de craie, et si l'on recueille les grains les plus grossiers, le microscope nous révélera des coquilles que la science a déterminées et a désignées sous les noms de *cytherines*, *discorbes*, *lenticulines foraminifères*, etc.; de telle sorte qu'il est permis de conclure que les grains les plus ténus de cette roche ne sont qu'un composé de coquilles brisées et agglomérées.

Demandez a un fondeur ce que c'est que le fer, il vous répondra : « C'est un corps simple, un metal; » le géologue dira : « Le minerai est un composé de carapaces ferrugineuses, de coquilles qui, a une certaine époque, étaient habitées par des êtres vivants auxquels on a donne le nom *Gaillonella ferruginea.* »

Mais ce n'est pas tout : ces coquilles siliceuses, calcaires, ferrugineuses, etc., qui ont à peine la grosseur d'un grain de poussière, sont elles-memes remplies de petits disques lenticulaires qui paraissent avoir formé autrefois les articulations d'une espèce d'infusoire.

Il est donc bien vrai que « la poussière sur laquelle nous marchons fut jadis vivante, que des milliards de mondes ont habité les molécules les plus ténues du globe, et que l'écorce de ce même globe n'a été formée autrefois que par l'accumulation de tous ces êtres.

Afin de donner une idée de ce que nous entendons par les infiniment petits, parlons du tripoli, substance connue de tout le monde. Eh bien! le tripoli n'est pas seulement une roche mélangée de fossiles, mais bien un conglomérat entièrement composé de carapaces d'animaux.

Le tripoli nous vient de la Bohême, il est employé pour polir les métaux. Qui croirait que chaque pouce cube renferme quarante et un milliards d'individus, de telle sorte que, dans le volume d'une tête d'épingle ordinaire, on pourrait en loger une vingtaine de millions? C'est aussi une gaillonnelle mélangée de spicules ou éponge siliceuse. Le frottement exercé par le polisseur occasionne donc à chaque instant la mise en pieces de millions de coquilles admirablement conservées, dont les arêtes vives ont pour effet de polir les métaux et certaines pierres dures.

On nous demandera peut-être si nous avons compté nous-même cette effrayante quantité d'animaux contenus dans un pouce cube; nous avouerons ici, en toute humilité, que ces calculs sont dus à un savant naturaliste allemand, M. Ehrenberg, a qui la patience n'a pas fait défaut.

Apres avoir parlé des infiniment petits, nous parlerons prochainement des infiniment grands.

P.-Ch. Joubert,

Tiré *du journal* l'Avenir, *du* 29 *octobre* 1859.

DE LA CULTURE DES PERLES

A la suite de la note sur la culture de l'or, que j'ai insérée pages 104 et suivantes de *l'Univers avant les hommes,* il s'en trouve également une sur la culture des perles; aux renseignements qu'elle contient, je crois devoir ajouter ceux-ci :

Le 20 décembre 1861, j'ai eu l'honneur d'adresser à M. le secrétaire de la Société impériale d'acclimatation la lettre suivante :

« Monsieur,

» J'ai l'honneur de vous faire parvenir une note sur la culture peut-être possible de l'or, que j'ai publiée récemment dans un livre intitulé *Paris avant les hommes;* la fin de cette note se termine par des renseignements sur la culture des perles à Édimbourg.

» A ces renseignements j'ajouterai ceux-ci, que j'ai découverts il y a quelques jours.

» Pages 142 et 143 de l'ouvrage intitulé : *Trois ans de promenades en Europe et en Asie,* par Stanislas Bellanger, Paris, A. Bertrand, 1842, on lit :

« Braunaw produit des pêcheurs qui produisent » des barques pour la navigation de la Salzbach, la- » quelle produit de son côté des moules que la con-

» chyliologie désigne sous le nom scientifique de » *mulette margaritifère;* en voici la raison : la moule, » petite bête fort intelligente, a pour ennemi mortel » un ver aquatique qui la poursuit sans cesse, cher- » chant a trouer la coquille dans laquelle elle se » renferme. Fatiguée de cette poursuite, la moule » s'arrête (1), laisse percer son enveloppe, puis elle » se hâte de sécréter une matière calcaire, qui rem- » plit la brèche pratiquée par le ver. Cette sécrétion » forme un tubercule d'un si bel orient, que les lapi- » daires le recherchent avec soin. L'Ilz et plusieurs » autres petits fleuves réputés, partagent avec la » Salzbach le privilége de posséder ce précieux mol- » lusque. Linné rapporte qu'il produit beaucoup plus » de perles que la fameuse *avicule perlière* de l'Océan » indien; mais il ajoute que cela tient à ce que les » courants de l'Inde contiennent moins de vers que » ceux de l'Allemagne. »

» On se demande, en lisant ce qui précede, comment il se fait que des tentatives de culture de ces deux animaux n'aient pas encore été faites en France, puisque ces faits sont connus depuis si longtemps.

» J'ai cru devoir vous donner ces renseignements, afin que vous puissiez les communiquer à la Société

(1) Comme on ne suppose guere les moules capables de voyager, je crois devoir placer sous les yeux des lecteurs le passage suivant que je trouve dans l'ouvrage intitulé *Physiologie des substances alimentaires*, par Stanislas Martin, passage qui prouve que les moules sont susceptibles de locomotion. Voici ce qu'on lit page 203 dudit ouvrage : « La moule arrive dans nos contrees depuis septembre jusqu'au mois de mai. C'est à cette époque qu'elle est savoureuse et saine. »

On verra aussi, dans l'article consacre à la pêche des perles dans la mer Rouge, ce qui y est dit sur le meme sujet.

d'acclimatation, qui pourra essayer d'en tirer parti si elle le juge convenable.

» Agréez, je vous prie, monsieur, mes salutations distinguées.

» PASSARD. »

Le 18 janvier suivant, M. le secrétaire de la Société impériale d'acclimatation me faisait l'honneur de m'adresser la réponse suivante :

SOCIÉTÉ IMPÉRIALE ZOOLOGIQUE D'ACCLIMATATION

« Monsieur,

» La Société impériale d'acclimatation a reçu, avec votre lettre, l'exemplaire que vous avez bien voulu lui adresser de la 14e livraison de votre intéressante publication, *Paris avant les hommes*, et j'ai l'honneur de vous transmettre ses sincères remercîments pour cette communication.

» M. le secrétaire des séances en a rendu compte à l'Assemblée générale dans sa dernière réunion, ainsi que des renseignements que renferme votre lettre sur les coquilles margaritifères.

» Cet extrait que la Société doit à votre obligeance sera inséré dans l'une des prochaines chroniques de son bulletin mensuel, car il a rapport à un sujet dont elle a été souvent entretenue dans ces derniers temps.

» Veuillez agréer, monsieur, avec l'assurance de la gratitude de la Société, l'expression de mes sentiments les plus distingués.

» L'agent général de la Société d'acclimatation.

» L.-J HEBERT. »

Quelque temps après, en parcourant le *Traité élémentaire et complet de Géographie* de J. Mac Carthy, Paris, Sylvestre, 1833, je trouvais qu'on pêchait également des perles dans le nord de la Chine (1).

Voici, en effet, ce qu'on lit page 450 de cet ouvrage .

« On trouve du natron en grande quantité dans toute la Mongolie, et on pêche des perles dans quelques-unes des rivières de la partie orientale. »

Pensant que celles-ci pourraient être d'une espèce différente, je m'empressai de nouveau d'en informer la Société impériale d'acclimatation, et quelques jours après, le 7 avril 1862, je recevais la lettre suivante :

« Monsieur,

» La Société impériale d'acclimattaion a reçu votre lettre datée du 25 mars dernier, par laquelle vous voulez bien faire parvenir de nouveaux renseignements sur les perles et les coquilles qui les produisent.

» J'ai l'honneur de vous transmettre, au nom du Conseil d'administration, ses très-sincères remercîments pour cette communication, qui a été enten-

(1) Il existe également des bancs d'huîtres perlières dans le golfe de Manaar (île de Ceylan), dans le golfe du Mexique, dans le golfe Persique, sur les côtes du Japon, et surtout dans la mer des Indes. Dans le golfe de Manaar, il en existe un banc qui occupe, dit-on, un espace de plus de vingt milles, ce banc est partagé en coupe reglée, comme le corail sur la côte de Sicile, on le separe en sept parties, qui sont heureusement exploitees chaque annee, car la perle n'acquiert son entier développement qu'après sept années de végetation.

due avec intérêt par l'assemblée générale dans sa séance du 28 mars.

» Veuillez agréer, etc.

« L'agent général de la Société,

» L.-J. HÉBERT.»

Depuis cet échange de correspondances, j'ai appris en parcourant un article de la *Revue britannique*, spécialement consacré aux perles, qu'en Ecosse et en Suède quelques rivières en produisent également.

M. Eloffe, naturaliste, m'a assuré qu'il connaissait un pêcheur qui avait fait la remarque que les huîtres les plus maltraitées étaient justement celles qui produisaient le plus de perles, puisqu'en effet la perle n'est qu'une conséquence de la cicatrisation des plaies auxquelles ce genre de mollusque est assujetti. J'ajouterai que M. Eloffe me semble avoir eu une excellente idée en conseillant à ce pêcheur de faire fabriquer un petit instrument permettant de percer artificiellement les coquilles des huîtres perlières, et que peut-être ce moyen serait suffisant pour donner naissance à ces magnifiques concrétions que l'industrie humaine recherche avec tant de soin. Le procédé me paraît ingénieux, et je ne doute pas que s'il réussissait, il ne soit dorénavant possible d'avoir des perles en quelque sorte à volonté.

Voici, sur la pêche des perles dans la mer Rouge, des renseignements que j'ai puisés dans le journal *le Propagateur illustré*, juin 1862, et que je place ici, parce que je les crois de nature à intéresser le lecteur.

LA PÊCHE DES PERLES DANS LA MER ROUGE

La perle est une production animale qui se forme dans l'intérieur de certains mollusques acéphales, tels que les *huîtres* ou *arondes perlières*, les *patelles*, les *moules* et les *oreilles de mer*, mais plus particulièrement dans les premières elle est, à bien dire, la concrétion résultant de la surabondance de la matière qui a servi à la formation de la nacre des coquilles. Les Arabes ont, à cet égard, une conviction très-intéressante : ils assurent que les huîtres perlières, ayant un *temperament* extrêmement chaud, s'élèvent rapidement sur la surface de la mer dès qu'elles pressentent, par un merveilleux instinct de la nature, qu'un orage est sur le point d'éclater dans l'atmosphère, et qu'alors, entr'ouvrant amoureusement leurs valves frémissantes, elles y reçoivent une rafraîchissante goutte de pluie qui, renfermée précieusement dans leur sein, s'y condense lentement et se métamorphose à l'aide du temps en perle précieuse. Quelque ridicule que soit cette opinion, il serait impossible d'en dissuader les Arabes, tant leur foi est profonde et aveugle. On ne manquerait pas d'être traité d'ignorant et de mécréant si on voulait essayer de leur démontrer leur grossière erreur (1).

(1) C'est, à n'en pas douter, cette idée qui a donné naissance au petit conte suivant :

« Une goutte d'eau, tombée d'un nuage dans la mer et confondue dans ses vastes abîmes, se mit, en raisonnant, à s'écrier : Hélas! que je suis peu de chose en cet immense océan, et que mon existence est inutile à l'univers! Cependant, il arriva qu'une huître qui était sur son chemin et qui ouvrait son écaille, la reçut au milieu de ce beau raisonnement. La

L'huître perlière n'est point privée de locomotion. Dans les grands fonds, il arrive parfois que lorsque le plongeur remonte à la surface de l'eau pour respirer, et qu'il s'élance de nouveau et au même endroit, au fond de la mer pour y saisir les huîtres qu'il y a vues un instant auparavant, il arrive parfois, dis-je, que le plongeur n'en retrouve plus une seule; effrayées, elles se sont empressées, pendant le court instant de répit que leur a laissé le pêcheur, de se traîner a quelque distance de la, dans l'espoir d'échapper au triste sort de leurs malheureuses compagnes.

Les huîtres se trouvent ordinairement réunies par groupes sur un fond de sable assez uni; leur adhérence y est presque nulle, et le plongeur les saisit alors sans difficulté; souvent il en prend plusieurs à la fois, assemblées et attachées entre elles au point de ne représenter qu'un seul bloc. D'autres fois, elles forment, ainsi réunies, un banc entier, une sorte de récif. Leur adhérence, dans ce cas, est beaucoup plus forte, et le plongeur ne parvient a les arracher qu'au moyen d'un petit levier ou d'une hachette dont il se munit à cet effet. Ces dernières circonstances, qui sont assez fréquentes dans les eaux du golfe Persique, près des îles Bahraïn, ne se présentent point dans celles de l'archipel de Dahalac, ou l adhérence des huîtres au fond de la mer, même réunies en grand nombre entre elles, n'est jamais considérable.

goutte s'y durcit peu à peu, jusqu'à ce qu'elle formât une perle qui tomba entre les mains d'un plongeur, et qui, apres une longue suite d'aventures, est devenue cette fameuse perle qui orne aujourd'hui le diadème du grand sophi de Perse. »

(*Conte persan.*)

Improvisateur, tome X, page 151.

. Lorsque les huîtres sont jeunes et que leur coquille commence à se former, elles ont, pendant quelques années, et jusqu'à leur croissance, de la vigueur, de l'action et du mouvement; mais quand avec l'âge leur coquille s'épaissit, elles deviennent lourdes et paresseuses· alors elles se mettent à la recherche d'endroits qui leur fournissent une abondante nourriture ; elles s'y fixent, et, après un certain temps de séjour sans déplacement, elles adhèrent et s'attachent au fond qu'elles ont choisi, de telle sorte qu'elles ne s'en dégagent plus. Dans cet état, les huîtres vivent encore longtemps sans trop souffrir de l'inaction à laquelle elles sont réduites ; mais, à la longue, cette condition leur devient funeste. Il arrive alors que, immobiles et fixées en grand nombre sur un fond uni de la mer, une foule d'autres petites huîtres ou d'autres animaux a coquille viennent se loger dans les intervalles qu'elles ont laissés entre elles et dans les cavités que présente l'extérieur de leur enveloppe, aussi raboteuse et inégale en dehors qu'elle est polie, égale et luisante a l'intérieur. L'interposition et la superposition incessantes de ces parasites finissent par enfermer les huîtres perlières dans une croûte tellement épaisse qu'elles y perdent la vie. Sur ce premier banc ainsi formé, la succession de temps amene petit a petit, par un travail lent, mais continuel, une nouvelle couche d'huîtres qui, a son tour, disparaît plus tard sous l'accumulation d'une autre génération de parasites, et ainsi de suite, jusqu'a ce que cette masse énorme, se consolidant et s'étendant graduellement, forme des bancs considérables et de véritables rochers uniquement composés de coquillages pétrifiés. Ainsi, telle huître qui, si elle avait été trouvée par un pêcheur heureux, eût fait sa fortune par les belles et grosses perles qu'elle contenait, se trouve enfouie et perdue, avec sa richesse naturelle, sous cet amas considérable de ses semblables. Ces différentes adhérences des parasites aux huîtres perlières produisent souvent des excroissances si singulieres, des phénomènes tellement étranges, que partois on est complétement trompé, et que l'on croit voir le résultat d'un merveilleux travail madréporique la ou il n'y a que de bizarres ramifications produites par un entassement conchyliologique.

L'huître que l'on pêche aux environs de Dablac est ordinairement petite, de forme à peu près ronde, et son diametre n'a guère plus de 5 a 6 centimetres. Toutes celles qui sont pêchées ne sont point pourvues de perles ; à peine sur vingt ou trente y en a-t-il une qui en renferme, et encore d'une espèce relativement petite, appelée *semence*. —Ce fait porterait a faire croire que les huîtres ne produisent de véritables perles que lorsqu'elles atteignent leur plus grande croissance. Celles qui n'y sont pas encore parvenues emploieraient toute la surabondance de leur nourriture à former leur coquille, à lui donner de la consistance et de l'épaisseur, et ce n'est, paraît-il, que lorsqu'elles ont dépassé cette époque, qui semble être le terme moyen de leur vie, que les huîtres commencent à former des *semences* de perles qui, avec le temps et au moyen de couches successives de chyle, deviennent de véritables belles perles, plus ou moins grosses et de formes différentes.

Les indigènes de l'archipel de Dahalac donnent le nom de *belbela* à l'huître perlière pêchée dans les eaux de leurs îles. La chair, qui est blanche, n'est point mauvaise à manger, tandis que celle de l'huître du golfe Persique est ordinairement rouge, coriace, très-glutineuse, et n'est pas absolument mangeable.

Ces indigènes font sécher la chair des huîtres au soleil, par lambeaux enfilés dans un fil de sparterie, et s'en nourrissent une partie de l'année. Selon eux, cette nourriture est excellente pour la santé et donne beaucoup de vigueur aux membres.

La pêche dure trois mois environ et commence vers le mois de mai (1). Elle est libre de toute entrave, de tout impôt. Chacun des habitants peut s'y livrer en toute liberté, et il n'est pas rare de voir parfois des pêcheurs et des plongeurs de la côte du Yémen venir se joindre à eux et y pêcher, sans aucun obstacle, pour leur propre compte.

La pêche se fait au moyen de barques appelées *sambouks*, armées d'avirons et ayant de simples nattes pour voilure. L'équipage est ordinairement composé de douze a quatorze hommes dont la moitié sont des plongeurs. — Dès que l'on aperçoit, à travers la parfaite transparence des eaux, un fond propice à la pêche, la barque jette un grappin et les plongeurs se disposent à s'élancer a la mer. Comme la pêche ne se fait que par des fonds qui varient de

(1) Dans le golfe Manaar, la pêche commence en février pour finir en avril. Les barques partent à dix heures du soir au signal donné par le canon, et le lendemain elles se trouvent sur le banc de pêche. Chaque bateau est monté par vingt hommes, dont dix plongeurs et dix rameurs. Les plongeurs font cinquante descentes par jour, et restent de trois à cinq minutes sous l'eau, ils rapportent toutes les fois une cinquantaine de coquilles.

(Tiré du *Propagateur illustré*.

Nota. — Je viens d'apprendre qu'en Chine on cultive les perles d'une manière assez simple. Les Chinois saisissent le moment où l'huître perlière est ouverte pour jeter un grain de sable dans sa coquille. Ce grain devient le noyau d'une perle que l'huître sécrète autour.

P.

deux à cinq brasses seulement, les plongeurs n'ont pas besoin, comme ceux du golfe Persique, de s'attacher une pierre au pied, afin d'activer leur descente, et ne se placent point, également comme ceux du Bahraïn, une sorte de pincette en bois sur le nez pour presser leurs narines.

En même temps que le grappin est jeté, on fait descendre du bord de la barque et jusqu'au fond de la mer plusieurs paniers que les plongeurs vont remplir bientôt des huîtres qu'ils ramasseront a la main. Ces premiers apprêts faits, les plongeurs s'élancent à la mer en prononçant la formule sacramentelle du ***Bism' Allah*** (au nom de Dieu), et se livrent des lors avec ardeur a leur pénible pêche. A mesure que les paniers se remplissent, on les hisse et on les décharge dans la barque, et ainsi de suite jusqu'à ce qu'on ait fini de bien explorer le point sur lequel on s'est arrêté. La barque dérâpe alors son grappin pour aller recommencer un peu plus loin, sur un fond mieux pourvu. Ce n'est que lorsque la barque est complétement pleine d'huîtres, et souvent au bout de deux ou trois jours, que l'on atterrit et que l'équipage descend a terre, non pas pour s'y reposer de ses fatigues, mais pour se livrer a d'autres travaux, ceux de l'ouverture des huîtres et de la recherche des perles au milieu de leurs chairs palpitantes.

Une barque montée par un bon et vigoureux équipage de plongeurs peut pêcher par jour trois mille a trois mille cinq cents huîtres perlieres et quatre à cinq cents huîtres a nacre.

Les produits de la pêche sont partagés entre les plongeurs et le reste de l'équipage, qui forment ainsi autant de petites associations particulières. Nécessairement, le partage se fait après défalcation des frais généraux et en raison de la somme de travail fournie par chacun. La barque et son armement appartiennent ordinairement en commun à la société. Il est remarquable que jamais ce partage du résultat définitif de la pêche n'amène de discussion ni de disputes entre les copartageants, tant les mœurs de ces gens sont douces. et tant l'esprit de justice et de loyauté réside en eux et entre eux.

Lorsque la barque est bien pleine du produit de la pêche, on se rapproche du village de l'île d'où on est parti, on retire la barque a terre et on en décharge toute la cargaison sur le rivage. L'équipage se groupe alors par trois ou quatre hommes autour d'un amas d'huîtres, et chacun d'eux, armé d'un morceau de fer quelconque, un clou ou une mauvaise lame de couteau, se met à ouvrir avec une admirable dextérité chacun de ces mollusques; une fois les valves séparées, ils fouillent attentivement les chairs au moyen de petites pincettes, pour en retirer la perle ou les perles qui peuvent s'y trouver cachées, les déposent avec précaution dans une petite sébille qu'ils ont auprès d'eux, et rejettent ensuite les chairs dans un baquet plein d'eau et les écailles a la mer. Cette premiere opération terminee, on lave avec soin toutes les chairs, on les enfile pour les faire sécher au soleil, et on égoutte doucement toute l'eau pour s'assurer s'il ne se trouverait pas au fond du baquet quelques perles échappées a la premiere inspection, les recueillir et les joindre aux autres.

Telle est, sommairement, la seconde partie du travail de la pêche des huîtres perlières.

La pêche des simples huîtres à nacre se fait de la même façon. La chair de ces derniers mollusques n'est point mangeable et est rejetée à la mer.

DE L'AURORE BORÉALE

DE

LA BOUSSOLE ET DU MAGNÉTISME TERRESTRE

J'ai dit ailleurs que la glace, c'est-à-dire le froid, avait la propriété d'attirer la boussole. Voici ce qui m'a conduit à faire cette supposition :

Faisant un jour part à un ami, M. B..., de l'observation qui m'avait été faite, que le fer rouge n'attirait pas la boussole, j'ajoutai : L'idée d'un feu et celle d'un aimant attractif de la boussole au centre du globe se combattent ainsi d'elles-mêmes, et l'une par l'autre (1). — Il me répondit : Il paraît que ce n'est pas le centre du globe qui attire la boussole, mais que ce sont simplement les aurores boréales qui la font varier. Lorsque les marins la voient agitée, ils

(1) Recupero m'a assuré qu'il lui était arrivé une chose très-singulière. Peu de temps après l'éruption (du Vésuve) de 1755, il plaça sa boussole sur la lave, et à son grand étonnement, l'aiguille fut agitée avec beaucoup de violence pendant un temps considérable, jusqu'à ce qu'enfin elle perdit complètement sa puissance magnétique ; elle se tournait indifféremment vers tous les points du compas, et elle ne put recouvrer sa propriété sans être aimantée.

BRYDONE.

Voyage en Sicile et à Malte, 1775, t. Ier, p. 218.

se demandent s'il n'y a pas quelque part une aurore boréale, et presque toujours les faits viennent confirmer leur supposition.

Or, après avoir parlé de la rupture des glaces au Groenland, voici comment, à propos de la boussole, s'exprime, pages 23 et suivantes, l'auteur de la brochure déjà citée : *De la rupture des glaces*, etc.:

« ..... Il a été observé comme une coïncidence remarquable que ce déplacement (des glaces) s'est opéré à peu près vers l'époque où la variation de l'aiguille aimantée vers l'ouest devint stationnaire. Il est bien connu que, dans la mer de Baffin (gratuitement appelée baie) le compas est affecté d'une manière très-extraordinaire, et que là, la variation est plus grande qu'en aucun autre lieu du globe. Cette variation y est, en effet, si grande, que l'on a été tenté de croire que dans ce quartier était situé le pôle magnétique.

» Mais, se demande-t-on, quel rapport peut-il y avoir entre cette circonstance et la disparition de ces glaces, qu'on a vues flotter vers le sud en plus grande quantité qu'à l'ordinaire ? (1815-1817).

» Quoique ce rapport ne paraisse pas très-évident, il est à croire cependant qu'il existe. En effet, l'aurore boréale, par exemple, dont l'existence est supposée être due, si elle ne l'est pas réellement, ou au moins son intensité, aux gelées, aux dégels et au choc des glaces polaires entre elles ; en hiver, même en Suède, l'intensité de l'aurore boréale est telle, et son mouvement si rapide, qu'il se fait entendre un bruissement ou un craquement que l'on peut comparer à celui que fait un éventail qu'on ouvre et qu'on ferme, ou au bruit que font les étincelles qui s'échappent d'un conducteur électrique. Il est à remarquer de plus que, dans ces circonstances, l'aiguille aimantée est toujours extrêmement agitée; ses oscillations sont souvent si rapides, et les arcs qu'elle décrit si étendus qu'elle fait quelquefois un tour entier.

» La théorie du docteur Franklin sur l'aurore boréale peut être appliquée à l'état actuel des glaces polaires. Nous savons qu'il suppose que ce météore est produit par une grande quantité de fluide électrique accumulé dans l'atmosphère, laquelle reste suspendue par le défaut de conducteur qui puisse favoriser son retour dans le réservoir commun (1), parce que la terre et la mer sont encroûtées de glaces.

» Cette théorie peut expliquer comment les premières apparitions de l'aurore boréale n'ont eu lieu qu'environ un siècle après que les glaces se sont fixées sur les côtes orientales du Groenland, et pourquoi elles ont été si rares ces dernières années.

» Quoi qu'il en soit, si cependant l'influence extraordinaire et réciproque de l'électricité de l'atmosphère sur l'aiguille aimantée, d'une part, de l'autre, celle des glaces sur l'électricité atmosphérique, sont si grandes, il est permis de croire que la rupture et le départ de ces champs, de ces montagnes de glace qui, pendant plusieurs siècles, ont couvert les mers arctiques, ont pu avoir quelque effet sur la déclinaison à l'ouest de l'aiguille aimantée. »

Aux observations que je viens de citer, j'ajouterai celles-ci :

Le bruit ou espèce de craquement qui se fait en-

(1) On verra plus loin que c'est lorsque des vapeurs s'échappent de la mer par le brisement des glaces, que se produisent les aurores boréales, et non par l'introduction de l'électricité dans la terre.

tendre au moment des aurores boréales indique qu'il doit ou peut y avoir rupture de glaces.

La rupture indique un déplacement de ces glaces.

Le déplacement des glaces semblerait expliquer les variations ou changements de direction de la boussole.

On pourrait, je pense, en conclure · qu'outre l'influence magnétique terrestre, ce même déplacement des glaces a pour effet de produire les aurores boréales, absolument comme une fenêtre que l'on déplace lorsqu'elle est frappée par les rayons solaires, absolument encore comme un miroir que l'on agite et qui réfracte les ondes lumineuses de l'astre qui nous eclaire (1).

Si dans la mer de Baffin la boussole devient folle, cela tient à ce que la, les glaces se trouvant à peu pres

(1) L'eau non congelée possède également la propriété de refleter les couleurs. Voici, à l'appui de cette opinion, ce que trouve dans l'analyse d'un ouvrage sur la pourpre des anciens, par l abbé Neveu, analyse insérée dans le tome III du *Precis analytique des travaux de l'Academie de Rouen* dans lequel je lis :

« ..... Personne n'ignore que les vagues (de la mer) forment des prismes de toutes les dimensions à travers lesquels la lumiere se decompose et presente la couleur pourpre, *comme toutes les autres couleurs* Je l'ai plusieurs fois observé au lever du soleil, et j'ai remarque que leur éclat était si vif que mon œil blessé ne pouvait le soutenir longtemps. L eau salee aurait-elle à cet egard des proprietes superieures à l'eau douce, et surtout à l'eau vaporisée ? Ce qu'il y a de certain, c'est que l'arc celeste présente dans ses couleurs des nuances infiniment plus douces. »

Nota. Je pense que c'est seulement le volume des eaux qui donne plus de force au reflet de la mer qu'à l'arc-en-ciel, et que le sel n'y est pour rien. On peut, au grand bassin des Tuileries, lorsque, par un beau soleil, le jet d'eau est en activité, se convaincre que l eau n'a pas besoin d'etre salee pour decomposer les couleurs et produire un arc-en-ciel.

réparties à droite et à gauche par portions égales, elle perd alors la tramontane, c'est-à-dire sa direction fixe, et doit se porter à droite si on marche à gauche, et à gauche si on marche à droite (1). La même chose doit se produire au nord de l'Asie, entre la terre vue par Samikoff, au nord de la Nouvelle Sibérie, et le promontoire Sacré, point le plus septen-

(1) Il me semble si peu douteux aujourd'hui que ce soit outre le magnétisme terrestre, le froid qui attire la boussole et la chaleur qui la fait fuir, que depuis que ces lignes sont écrites j'en ai en quelque sorte trouvé la confirmation dans le *Traité de Physique* de Haüy dans lequel je lis (t. II, page 102, 1806) : « L'aiguille s'avance vers l'ouest le matin jusque vers midi, ou après-midi, pour reculer ensuite vers l'est dans la soirée. » Cela s'explique : le matin, le soleil étant à l'est, le froid est à l'ouest, le soir, le soleil étant à l'ouest, le froid est à l'est, par rapport à la situation des glaces polaires

Il arrive aussi, comme me le disait dernièrement M. Serrin, que, lorsqu'on passe dans le voisinage d'une île de fer, la boussole est attirée dans sa direction, et voici également ce qu'en confirmation de cette pensée on lit page 342 de la *Revue contemporaine* du 29 février 1856, dans un article de M. Louis Énault sur la Norwége :

« Comme nous passons devant la grande île de Tenjen, le capitaine nous fait observer un phénomène particulier à sa roche *constitutive*. Cette roche agit très-puissamment sur l'aiguille aimantée, non point par une attraction plus sensiblement prononcée, mais par la variation des pôles. Ainsi, le pôle nord de l'aiguille est tantôt à l'ouest et tantôt au sud, parfois même il se fixe au fond de la boussole. Du reste, les pôles varient chaque fois que l'on passe devant une des crevasses qui partagent la couche du grenat de cette roche. C'est le cas de dire, avec les matelots, que la boussole est *affolée.* »

Ceci me conduit à penser qu'il doit y avoir du fer en abondance dans la constitution de cette île.

Ainsi, trois choses paraissent avoir la propriété d'attirer la boussole : le *froid*, le *fer* et le *magnétisme terrestre* Toutefois, bien que je ne l'affirme pas, cela me paraît moins certain pour ce dernier que pour les deux autres. Il y aurait lieu de supposer que c'est aussi l'avis d'Alexandre de Hum-

trional de l'Asie (1). Je ne serais même pas surpris qu'il en fût également ainsi, mais d'une manière moins prononcée, vers le Spitzberg et dans le détroit de Behring, dans le voisinage du cap des Glaces.

Si le fait était vérifié, le doute ne me paraîtrait plus possible.

S'il est vrai, comme le dit l'auteur de la brochure sur la rupture des glaces du pôle arctique, que la boussole, depuis 1814, soit constamment dirigée vers le nord-ouest, c'est parce que, au nord-ouest de l'Amérique, les glaces s'étendent beaucoup plus loin qu'ailleurs.

Le mouvement conique de la terre, ainsi que je l'ai dit, fait changer les glaces de place aux deux pôles, et suivant qu'une partie du pôle se rapproche du soleil, comme je l'ai déjà indiqué, les glaces fondent et se reportent au côté opposé. Enfin, ma pensée est que la terre n'étant jamais parfaitement droite sur son axe (2), les glaces doivent faire au-

boldt, si nous en croyons la *Revue des Deux Mondes* du 1er avril 1858, dans laquelle on lit, d'après lui, à propos de la boussole et du magnétisme terrestre. « Le magnétisme obéit donc à une excitation extérieure, qui n'a point sa source dans les profondeurs du globe. »

Suivant la *Revue des Deux Mondes* Alexandre de Humboldt attribuerait le magnétisme au soleil.

(1) On lit, page 706 de la *Revue des Deux Mondes* du 1er avril 1858, qu'une ligne magnétique « traverse la Nouvelle-Hollande, l'Asie orientale et septentrionale, » ce qui semblerait confirmer la pensée que je viens d'émettre ci-dessus.

(2) Toutes les actions réunies des planètes ne peuvent produire qu'une diminution de 5° 30' dans l'obliquité de l'écliptique, en sorte que jamais l'axe de la terre ne pourrait être moins incliné de 18°.

LAGRANGE, cité par M. de Lametherie, t. V, p. 191.

L'axe de la terre ne pourrait être incliné moins de 22°.

LAPLACE, cité par M. de Lametherie, t. V, p. 191.

tour du pôle le mouvement de rotation que font ces plaques fixées par un clou sur les serrures pour en fermer l'entrée, et qu'on fait tourner à volonté. Le clou représente le pôle autour duquel tournent les glaces. Il suffit de regarder la planche nº 5 de l'*Atlas des revolutions de la mer*, par Adhémar, pour s'en convaincre.

J'ai lu autrefois, mais je ne me souviens plus où, que le nord de l'Amérique se glaçait et que le nord de l'Asie se déglaçait. En admettant la théorie qui précède, cela s'explique : les glaces, perdant au nord de l'Asie, doivent gagner au nord de l'Amérique, c'est-a-dire qu'elles gagnent à gauche ce qu'elles perdent à droite.

Je borne ici ces quelques réflexions, que je laisse a d'autres le soin de continuer et de vérifier.

OBSERVATIONS SUPPLÉMENTAIRES

Depuis que les observations précedentes sont écrites, de nouveaux renseignements sur l'aurore boréale me sont tombés sous les yeux, les voici :

On lit page 119 de l'ouvrage intitulé le *Nord de la Siberie*, par MM. de Wrangell, Matiouchkine et Kozmine, t. II, Paris, 1843.

. . . .

« Nous ne cessâmes (le 10 avril) d'entendre pendant la nuit le bruit retentissant des glaces qui se brisaient. Il s'éleva, vers le matin, un vent du nord perçant. » . . . .

Pages 121 et 122.

« Je vis que nous étions entourés de tous côtés par d'énormes toroses (montagnes de glaces qui se soudent ensemble sur la mer glaciale) ; entre le nord et le nord-ouest, s'élevaient en grande quantité d'épaisses vapeurs bleues, qui, jointes à un craquement sourd et pareil au bruit lointain de la foudre, annonçaient que la glace ne tarderait pas a se briser dans l'endroit que nous occupions. »

Mêmes pages, en note :

« Toutes les fois que des crevasses se forment dans les endroits ou la glace est épaisse, le contact immédiat de l'air et de l'eau amene un dégagement de vapeurs qui s'élève verticalement en forme de piliers d'un bleu foncé. »

Page 373 du même volume, à l'article intitulé : *Des aurores boreales*, on lit ce qui suit :

« Souvent à l'horizon, du côté du nord et sous le segment lumineux, apparaissent des vapeurs bleu foncé, elles sont remarquables par leur analogie avec les vapeurs qui s'élevent de la mer dans les endroits ou la glace vient de se briser.

» Lorsque l'aurore boréale est intense et que les colonnes lumineuses se succèdent rapidement et se meuvent avec vitesse, il m'a semblé entendre, dans la direction des lueurs, un léger frôlement qui ressemblait au bruit du vent.

. . . .

« Les observations précédentes nous amènent a conclure que la congélation de la mer concourt à la formation des aurores boréales. Ce phénomène est peut-être le résultat d'un dégagement d'électricite produit par la forte évaporation de la mer ou bien par le frottement de blocs de glace les uns contre les autres. »

Voici maintenant ce qu'on lit page 70 du même

volume, sur l'effet que produisent quelquefois sur le soleil les évaporations de la mer :

« Le 17 juillet 1821, je déterminai la position du campement (latitude, 70° 56' 48"; longitude, 153° 31'). Il faisait 16 degrés 1/2 de chaleur ; une température aussi chaude, et qui durait depuis trois jours, aurait dû nous faire oublier que nous nous trouvions au 70e degré, si l'aspect d'un sol éternellement gelé et d'une mer glacée et sans limites ne nous l'eût pas rappelé. Nous nous enveloppions, trois jours auparavant, dans des pelisses, et actuellement nos habits de ville nous gênaient : le soleil, *durant soixante-douze heures* (1), ne quittait point un horizon sans nuages ! L'évaporation de la mer, augmentant la réfraction des rayons du soleil, donnait lieu a un effet d'optique remarquable . l'astre changeait continuellement de place, tandis que ses contours se déformaient ; son disque se rétrecissait ou devenait elliptique. On voyait le soleil disparaître sous l'horizon pour se remontrer tout a coup brillant de tout son éclat. Le phenomene se prolongea pendant toute la journée. Quoique l'intensité de la lumiere m'occasionnât un mal d'yeux violent, je ne pus me résoudre a le détacher de ce magnifique spectacle. »

Il ne serait pas impossible que ce fût a des brise-

(1) On sait qu'en Russie il existe en ete un jour qui dure trois mois, et en hiver une nuit qui dure le même laps de temps, à chacun des pôles même il y a chaque annee un jour de six mois et une nuit de six mois Voir la carte du « Climat des heures et des mois » dans la *Géographie physique* d'Eugene de Breugny, 1 vol in-18 de la *Bibliotheque des Connaissances utiles* On verra en même temps qu en confirmation de la theorie de Boitard lorsque les jours sont longs à droite de l'hemisphere septentrional ils le sont à gauche de l'hémisphere meridional, et *vice versâ* si c'est à gauche de l'hemisphere nord qu'ils sont longs. P.

ments de glaces du genre de ceux-ci qui, vus ainsi de près produisent de si singuliers effets d'optiques, que fussent dues les aurores boréales lorsqu'ils sont vus de loin.

POURQUOI LA TERRE EST APLATIE VERS LES POLES ET RENFLÉE A L'ÉQUATEUR.

La terre est aplatie vers les pôles, parce que, la végétation y étant presque nulle, ses détritus, étant peu importants, n'en exhaussent le sol que dans des limites très-restreintes ; tandis qu'à l'équateur, la végétation étant luxuriante, c'est le contraire qui se produit. Une autre cause contribue encore à l'aplatissement des pôles, c'est le transport des terres végétales, des graviers, des pierres et des blocs erratiques que les glaces arrachent tous les ans aux terres polaires et qu'elles vont déposer dans les régions tempérées, ou elles vont fondre au printemps. Il y a encore une troisième cause : c'est le temps pendant lequel chaque partie des pôles passe sous la glace pendant lequel le sol reste stationnaire.

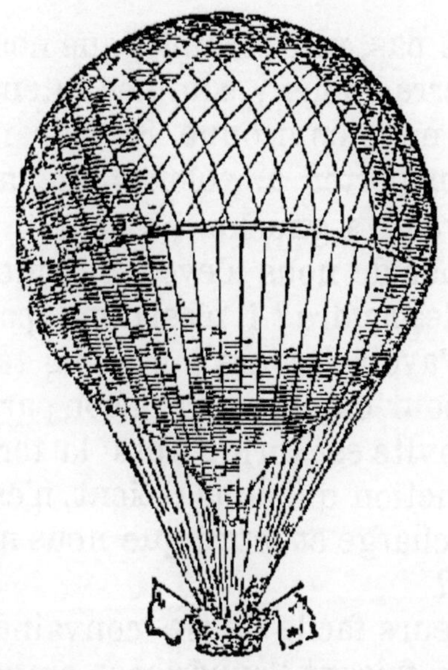

DE L'ATTRACTION

DE L'AIR ET DE L'AEROSTATION

J'ai le malheur de ne pas croire aux lois de l'attraction, au moins, si je dois en juger par leur application à la terre, mais plutôt à un mouvement de direction comme le mécanisme des engrenages dont j'ai déjà dit un mot et dont la voie lactée serait l'un des cercles. Ce n'est pas, bien entendu, que je veuille nier l'attraction magnétique, ce qui serait le comble de la folie; mais telles qu'on les suppose et telles qu'on les enseigne, j'en suis convaincu, les lois de l'attraction n'existent pas (1).

(1) Comment se fait-il que lorsque la terre est plus rapprochée du soleil aux équinoxes, elle ne vienne pas se fixer des

Je ne crois pas, par exemple, que nous soyons attirés vers la terre ; nous y sommes retenus ou poussés par l'air qui nous environne. Si l'air nous empêche de nous transporter à volonté en avant, en arrière, à droite et à gauche, ne peut-il pas aussi bien nous empêcher de nous élever, comme la terre nous empêche de descendre ? Il n'est donc, par conséquent, pas besoin d'avoir recours à ces lois tant vantées de l'attraction pour expliquer la raison par laquelle notre centre de gravité est dirigé vers la terre. Pourquoi, si c'est l'attraction qui nous retient, n'est-ce que lorsque l'air est chargé et lourd que nous marchons plus difficilement ?

Il est d'ailleurs facile de se convaincre de ce que j'avance ici en faisant l'expérience suivante : puisque c'est une pomme qui a fait supposer à Newton un centre d'attraction au centre du globe, que l'on prenne deux pommes d'un poids égal : qu'on laisse tomber l'une du haut de la colonne Vendôme, en calculant le temps qu'il lui faudra pour descendre de la galerie au bas du fût, et qu'au moment juste où elle arrivera à la hauteur du piédestal, on laisse tomber l'autre, afin que toutes deux touchent la terre en même temps. Si ce sont les lois de l'attraction qui les dirigent vers la terre, se trouvant un moment en tombant à une égale distance de celle-ci, elles devront être attirées avec une égale force vers son centre et avoir le même poids, tandis que personne n'ignore qu'il n'en sera absolument rien, et que l'une pesera

sus, ou comment se fait-il encore que, lorsqu'elle en est plus éloignée au solstice d'été, l'attraction ne perde pas de sa force et que la terre, déviant de sa route, n'aille pas se briser dans l'espace contre d'autres planètes ? puisqu'il en est ainsi la terre ne doit donc devoir ses mouvements qu'à une force de direction et non d'attraction.

beaucoup plus que l'autre, la différence de pesanteur ne sera donc due qu'à l'impulsion donnée par le poids de l'air et non à l'attraction (1). Lorsqu'on prend son élan pour sauter un fossé, ce ne sont pas les lois de l'attraction qui vous attirent de l'autre côté, mais bien l'impulsion donnée par un élan qui vous y pousse, et personne n'ignore que plus l'élan est pris de loin, plus l'impulsion est forte. Lorsque des wagons sont lancés dans une direction quelconque, ce n'est pas l'attraction qui les attire du côté où ils se dirigent, mais l'impulsion qui leur est donnée par la vapeur qui les y conduit, puisque, si la vapeur était derrière, l'effet serait le même. Lorsque des bateaux remontent la Seine et qu'ils continuent d'avancer, lors même que les chevaux qui les tirent sont arrêtés, ce n'est pas en vertu des lois de l'attraction, puisque si on poussait ces bateaux par derrière, l'effet serait encore le même.

Il est donc bien vrai que ce n'est pas l'attraction, mais l'air qui nous retient vers la terre ; nous nageons dans l'air, qui est notre élément, notre vie, comme les poissons nagent dans l'eau, qui est leur élément, leur vie ; il ne nous manque que la vessie qu'ils gonflent pour s'élever et dégonflent pour des-

(1) On lit page 120 de l'ouvrage intitulé : *Erreurs des astronomes sur l'accélération de la lune*, par Marcoz, in-8°, 1833 :

« Nous avons dans certaines étoiles appelées fixes des mouvements particuliers qui les font avancer dans une direction donnée : telles sont Cyrius, Procyon, Arcturus, Pollux, la 61e du Cygne, mais comme la force d'inertie fait rester constamment chaque corps immobile dans sa situation, dès qu'il se meut il s'ensuit qu'une force produit en lui ce mouvement et le *pousse* en droite ligne en avant. C'est cette force que j'appellerai avec quelques-uns force d'impulsion, que d'autres ont nommée force projectile, et d'autres encore force centrifuge et aussi tangentielle. »

cendre, puis des nageoires ou des ailes pour nous diriger. Dans les ballons, nous avons trouvé la vessie, les moyens de direction nous font encore défaut. Boitard disait que, pour les trouver, il fallait les chercher dans un mécanisme puissant comme les ailes des oiseaux, et ce n'est certes pas avec les bouts d'ailes que l'on met aux ballons qu'on y parviendra, car ils ressemblent plutôt à des rudiments ou ailerons naissants de canards ou de pingouins qu'à de véritables ailes. Ce n'est pas non plus avec le plus lourd que l'air qu'on les trouvera ; plus lourd que l'air ne s'enlève pas. Est-ce que le plomb, l'or et le mercure ne sont pas plus lourds que l'air? Cependant, s'enlèvent-ils? (1). Plus lourd que l'air est une idée aussi riche que celle d'un feu central ; on peut les mettre toutes deux dans la même balance, et l'une ne pesera pas plus que l'autre. Est-ce que, lorsque l'on met deux poids différents dans les deux bassins d'une balance, c'est le plus lourd qui s'enlève? Non, c'est juste le contraire qui arrive, personne ne l'ignore. Plus léger (le gaz) et plus lourd que l'air (le plomb), c'est plus que le poids et le contrepoids, plus que le poison et le contre-poison ; c'est plus léger et plus fort que l'air qu'il faut pour se diriger.

Je pense que si on pouvait construire un ballon en fer ou en acier, ayant à peu près la forme d'un poisson (2), et d'une capacité assez grande pour qu'en opérant le vide dans la partie supérieure à l'aide d'une machine pneumatique, il pût s'enlever, on

(1) Il y a des gens qui font des observations si spirituelles et si fortes qu'on pourra me répondre que le mercure monte ; mais je répondrai qu'il se gonfle et se dilate par la chaleur, et que s'il monte, c'est parce qu'étant au bas des tubes ou on le renferme, il ne peut pas descendre.

(2) Ou toute autre que l'on croirait plus convenable

pourrait, en adaptant à ce ballon des ailes d'une immense envergure, qui seraient mues par une puissante machine à vapeur, peut-être se diriger dans l'espace.

Toute la question me paraît se réduire à ceci : la construction d'un semblable ballon, pouvant supporter le vide à l'intérieur et résister à la pesanteur extérieure, est-elle possible, et le ballon ne s'écraserait il pas ? Ce sont à la fois un calcul et des essais à faire.

DU TITRE DU LIVRE DE M. NADAR

—

M. Nadar a appelé son livre *le Droit au vol*, sous prétexte de pauvreté de la langue française ; cette chère langue française aurait fort à faire s'il fallait qu'elle répondît à toutes les accusations portées contre elle ; heureusement qu'elle fait comme les jolies femmes, qui vont toujours leur chemin en laissant crier les vieilles et les laides. Quant à M. Nadar, je suppose qu'il n'ignore pas qu'il pouvait tout aussi bien appeler son livre *le Droit à l'aérostation* que *le Droit au vol*, et qu'il n'en eût pas moins été bien compris pour cela.

DES GÉNÉRATIONS SOI-DISANT SPONTANÉES

On prétend qu'il existe des générations spontanées, je n'en crois rien ; mais je crois à la préexistence des germes dans l'air, germes qui se développent dès qu'ils trouvent un endroit propice pour le faire.

La preuve, c'est que, sans le contact de l'air, il ne se produit rien, et qu'on n'obtient quelque chose qu'avec son concours, lors même qu'il est filtré et qu'on le prend dans une citrouille.

L'air est le principe générateur de la nature.

Il y aurait trente mille brebis dans un troupeau qu'elles ne donneraient pas un agneau s'il n'y avait pas aussi un bélier pour les féconder.

Eh bien! de même que sans bélier il n'y aurait point d'agneau, de même sans air il n'y aurait pas de générations spontanées; les partisans de cette doctrine sont forcés d'en convenir eux-mêmes, donc le principe de ces générations est dans l'air.

Il ne s'agit pas de savoir si cet air est filtré, mais si c'est de l'air; si, d'ailleurs, même filtré dans une citrouille, il féconde, c'est une double preuve qu'il contient le principe fécondant, et s'il n'en est pas ainsi, si ce principe n'est pas même dans l'espace, où donc était le premier des atomes dont la terre est composée?

L'air est le souffle de Dieu, et le globe entier n'est composé que d'air solidifié.

SUR UN CRAPAUD

SOI-DISANT TROUVÉ DANS UNE PIERRE

Dans un volume publié récemment, M. Meunier a dit, à propos d'un crapaud soi-disant trouvé dans un silex :

« M. Morin a été député par la Société des sciences, lettres et arts de Blois pour mettre sous les yeux de l'Académie des sciences un fragment de silex dans lequel on a trouvé un crapaud vivant; silex et crapaud ont été déposés sur le bureau de l'Académie. Ils ont été rencontrés, l'un contenant l'autre, le 23 juin dernier, en creusant un puits à une profondeur d'environ 20 mètres au-dessous du sol. Le silex avait un volume plus considérable que les autres cailloux roulés qui forment la couche du terrain dans laquelle le puits a été creusé. On eut même de la peine à le retirer du seau qui servait à monter les matériaux.

» L'animal était logé dans une cavité que présentait l'intérieur du silex; un coup de pioche ouvrit sa prison. La cavité était tapissée par un calcaire qui semblait moulé sur le corps du batracien.

» Une commission, composée de MM. Élie de Beaumont, Flourens, Milne Edwards et Duméril fut chargée de donner son avis sur la communication de M. Morin. Elle vient de faire son rapport par l'organe de M. Duméril, rapport sérieux, où toutes les circonstances du phénomène sont décrites avec soin; aucune supercherie n'est signalée; certains détails assez minutieux semblent attester la réalité du fait. Les commissaires écrivent eux-mêmes : « qu'ils doivent regarder la découverte comme très-avérée. » Enfin, « ils croient et déclarent le fait assez intéressant pour demander qu'il soit consigné dans les Comptes rendus » (*Comptes rendus*, t. XXXIII, p. 112).

« Quand on rapproche cette conclusion de la longue suite d'observations en tout semblables au fait présent qui forment depuis deux siecles une tradition non interrompue, il semble que le fait soit désormais acquis a la science. Cependant la commission, dans l'impossibilité de donner « une interprétation plausible » du phénomène, décline dans son rapport l'honneur de l'approbation de l'Académie.

» Pour bon entendeur, cela veut dire que la commission craint d'être dupe d'un adroit mystificateur.

» Ce que la commission laisse a deviner, M. Magendie l'a dit avec sa rondeur habituelle. Il trouve même que « la plaisanterie ne serait pas mauvaise. » Cependant, s'il suppose une plaisanterie, c'est en raison de l'impuissance ou il est d'expliquer le fait. D'abord il ne lui plaît pas que la découverte soit due a un ouvrier, et sans doute il est regrettable que le coup de pioche qui a brisé le silex n'ait pas été donné par la main scientifique d'un academicien ; ensuite, il déclare ne pas comprendre comment un crapaud prisonnier pendant fort longtemps a pu marcher des que sa prison a été ouverte. Nous avouons ne pas le comprendre non plus, mais il y a bien d'autres choses que nous ne comprenons pas, et le peu que nous savons est-il la mesure de ce que la nature peut se permettre ? »

Combien ne doit-on pas admirer M. Meunier, qui

se plaît si bien à railler l'Académie, pour aller ensuite plus loin que celle-ci dans son approbation. C'est avantageux d'avoir longtemps étudié l'histoire naturelle, pour en arriver a croire qu'un crapaud puisse vivre, pendant des milliers de siecles, enfermé dans une pierre, là ou, lors même que la nourriture ne lui manquerait pas, il devrait étouffer faute d'air. Mais puisqu'on avait alors a la fois et le crapaud et le silex, pourquoi M. Meunier, le railleur, n'a-t-il pas proposé a l'Académie de renfermer de nouveau, pendant un an ou deux, le premier dans le second? C'était un moyen d'arriver a éclaircir la question; d'ailleurs, si ma mémoire est fidèle, des expériences de ce genre ont eté faites et elles ont été négatives; il paraît toutefois que des crapauds ont pu vivre ainsi renfermes pendant plusieurs mois, mais renfermés de nouveau après avoir été retires de leur prison ils n'ont pas tardé a périr.

Voici maintenant ce que j'ai lu ou entendu dire, qui avait donné naissance a cette croyance naïve, que des crapauds pouvaient vivre pendant des milliers de siecles renfermés dans des cailloux.

Il existe, dans le département d'Eure-et-Loir, et notamment sur les terres de la ferme du Frou, commune de Saint-Eliph, ou j'en ai fréquemment ramassé dans mon enfance, des pierres ayant ordinairement la forme ovale, un peu aplatie, d'autres qui sont pour ainsi dire tout à fait rondes, celles de ces pierres qui sont ovales sont ordinairement pleines, mais celles qui sont arrondies sont presque toujours creuses, sans pourtant être vides, car lorqu'on les agite on entend et sent grelotter quelque chose à l'intérieur. Si on les brise, on trouve dedans une autre petite pierre roussâtre et raboteuse comme la peau d'un crapaud, ce qui sans doute lui a valu le nom de cet animal, que, m'a-t-on dit, on lui donne (1) (à Saint-Eliph ces pierres n'ont pas de nom.) C'est là, je suppose, ce qui a donné naissance à cette croyance naïve à laquelle M. Victor Meunier veut bien ajouter foi, qu'on a trouvé des crapauds vivants dans des pierres.

Je sais bien qu'en raillant l'Académie, M. Meunier fait semblant de ne pas y croire, mais le fond trahit la forme, et s'il n'y croit pas, je le prie de vouloir bien me dire ce que signifie la phrase suivante de son article :

« Certains détails assez minutieux semblent attester la réalité du fait. »

Et celle-ci :

« Il semble que le fait soit désormais acquis à la science. »

Puis encore celle-ci :

« Nous avouons ne pas le comprendre non plus, mais il y a bien d'autres choses que nous ne comprenons pas, et le peu que nous savons est-il la mesure de ce que la nature peut se permettre? »

Mais laissons là M. Meunier avec sa croyance, et revenons à nos pierres-crapauds de Saint-Eliph. J'ai dit qu'elles étaient raboteuses et roussâtres. J'ai à ajouter que l'intérieur de celles qui les renferment a le même aspect, j'en ai cependant trouvé dont l'in-

(1) Les ouvriers de Paris, m'a-t-on dit, donnent aussi le nom de crapaud à la partie raboteuse des conduits de fonte qui traversent nos trottoirs, et vont conduire les eaux des gouttières dans les ruisseaux des rues de Paris, et aux plaques de fer ciselé qui recouvrent dans les rues les ouvertures des égouts, de sorte que crapaud est ici synonyme de raboteux comme la peau de cet animal. On doit juger d'après ceci de la raison qui a fait donner le nom de crapaud aux pierres que l'on rencontre dans l'intérieur de certains silex, qu'à tort, je suppose, on croit roulés.

térieur était brillant, et comme nacré et perlé ; mais comme il y a près de quarante ans de cela, je n'oserais pourtant pas affirmer que celles-ci ne fussent pas vides, ou que le contenu ne fût pas différent des autres.

Voici maintenant, je suppose, comment ces pierres ont dû se former. Bien que, dans mon enfance, on m'ait dit qu'elles viennent de la mer, je le crois difficilement. Je suppose, au contraire, que des matieres siliceuses ou plutôt silico-calcaires, s'étant groupées autour d'un objet quelconque qui aura formé noyau, auront ensuite grossi avec le temps, comme une pelote autour de laquelle on roule du fil, ou comme ces avalanches qui grossissent en descendant des montagnes; que ces matieres se seront ensuite solidifiées, et que le noyau primitif intérieur se sera desséché et rétréci, puis ensuite détaché de son enveloppe, et qu'il aura laissé vide l'espace qui le sépare de cette enveloppe. Je ne vois pas, quant à présent, d'autre moyen d'expliquer la présence de ces pierres dans l'intérieur d'autres pierres, ni celle de la présence de crapauds dans des pierres.

NOTA. — L'article de M. Meunier paraît avoir été écrit vers 1851, et, comme lui ou d'autres personnes pourraient me dire qu'aujourd'hui ses idées se sont peut-être modifiées a ce sujet, je répondrai que la préface du volume dans lequel il vient de le réimprimer débute ainsi :

« Si l'auteur écrivait aujourd'hui les études dont ce volume forme la premiere série, son œuvre différerait sans doute par la forme de celle qu'il offre au public, mais l'esprit en serait le même. »

Je pense que ce passage me dispense de tout commentaire.

Un dernier mot.... Si M. Meunier, le railleur, tenait à prouver que des crapauds peuvent vivre dans des pierres et même dans des arbres, il trouverait des arguments pour soutenir cette opinion dans l'ouvrage intitulé des *Erreurs et préjugés populaires*, par Salgues, 4e edit. Bruxelles, 1836, t. I.

Toutefois, je lui ferai observer d'avance qu'il faudrait être doué d'une forte dose de crédulité ou d'une riche pauvreté de jugement pour y ajouter foi. Je voudrais bien notamment savoir comment des crapauds peuvent se loger dans des arbres, si ces derniers ne sont pas creux préalablement. Je serais curieux de voir un petit gland germer et se développer en compagnie d'un crapaud qu'il renfermerait dans son sein.

OBSERVATIONS AUX CRITIQUES

SUR LE TITRE DE LA GRAVURE DES PAGES 40 ET 43

Comme la critique pourrait dire que les volcans, les inondations et en partie les atterrissements sont étrangers au mouvement conique ou plutôt bi-conique, et que par conséquent ce mouvement n'est pas la cause unique des révolutions du globe, je répondrai que si cela semble vrai en apparence, il n'en est rien en réalité, attendu que le mouvement conique déplaçant les mers déplace aussi les volcans, et déplaçant également les saisons et les températures du globe, il deplace par conséquent aussi les pluies, les inondations et les atterrissements.

CURIOSITÉS SCIENTIFIQUES

PENSÉES ET FRAGMENS TIRÉS DE DIVERS AUTEURS ET POUVANT SERVIR DE PIÈCES JUSTIFICATIVES AUX DIVERSES PARTIES DE CE VOLUME.

Tous les peuples sentent le besoin de savoir d'où ils viennent et comment le monde a commencé.

CÉSAR CANTU.

Dans tous les temps, les hommes se sont demandé comment le globe qu'ils habitent s'était formé, et la question a toujours paru fort embarrassante.

FLOURENS.

La curiosité s'impatiente de voir que la géologie reste muette.

ALFRED MAURY.

Parlez à la terre et elle vous répondra.

Livre de Job, ch. XII, v. 8.

Les couches de la terre sont formées des débris de ses habitants.

Maxime orientale.

Chaque grain de poudre fut autrefois vivant.

DELILLE (je crois).

Le temps est tout pour nous et rien pour la nature.

DELAMETHRIE.

En général, on se fait une idée bien grossière de la ténuité des atomes : on croit les voir dans la poussière répandue dans l'air qu'illumine un rayon solaire, tandis que le moindre de ces corps contient des milliards de ces atomes.

A. CAUDIN.

Les savants prétendent que l'air est incolore et invisible, c'est une erreur ; lorsqu'il nous entoure, nous touche, il est couleur d'eau, et au loin dans l'espace il est bleu, c'est le bleu, l'azur du ciel. On ne le voit de près que lorsqu'il est dilaté, par exemple, dans les grandes chaleurs de l'été, on le voit frétiller dans l'espace et particulièrement sur les terres en culture comme un champ de blé, par exemple. La dernière fois que je suis allé dans mon pays, je l'ai vu circuler avec une grande vitesse sur un champ de trèfle haut de quelques pouces seulement.

On a en hiver une preuve frappante de la visibilité de l'air, dans l'haleine des êtres animés et notamment dans celle des chevaux après qu'ils ont fait une course longue et rapide.

Si en hiver cette distinction se fait plus facilement qu'en été, cela vient de ce que l'air extérieur étant comprimé et celui qui vient de l'haleine des animaux étant dilaté, la différence entre les deux espèces est plus tranchée qu'en été où tous deux sont dilatés.

PASSARD.

On ne peut plus étudier l'histoire sans étudier la géologie, et la géologie sans étudier l'astronomie.

PASSARD.

On a remarqué des étoiles, je devrais dire des soleils éloignés, dont la lumière diminue et finit même à la longue par disparaître totalement.

ARAGO.

Cette pensée peut servir de complément a la note signée Louis Jourdan, page 78.

On lit dans le *Siècle* du 2 août 1862.

En avant du pont d'Asnieres, dans le petit bras de la Seine qui longe l'ilot du Roi, sur le territoire de Clichy, des mariniers furent témoins, il y a deux jours, d'un singulier phénomene.

Le temps était très calme, l'eau limpide comme du cristal. Au fond de la rivière et au milieu du courant, ils aperçurent, dit le *Droit*, un homme debout et qui semblait se promener la canne a la main. Ils distinguaient parfaitement ses traits et tous les détails de son costume.

C'était un homme d'une taille herculéenne, vêtu comme le sont les Auvergnats; sa canne était un de ces solides bâtons dont se servent les commissionnaires.

L'impression produite par cet étrange effet d'optique était tellement saisissante que l'un des mariniers, habitué depuis longtemps à repêcher des cadavres, se sentait rempli d'effroi et hésitait à retirer l'homme qu'il apercevait. Il ne vainquit entièrement cette répugnance que, lorsque étant entré dans l'eau, il vit le corps dans la position horizontale qu'il avait réellement.

L'individu repêché n'avait sur lui aucun papier de nature à établir son identité, et à la suite des constations, le corps a été envoyé a la Morgue.

FIN.

AVIS.

—

AUX CONTREFACTEURS, IMITATEURS, TRADUCTEURS, AMPLIFICATEURS, ABRÉVIATEURS, PLAGIAIRES, ETC., ETC.

Défense nouvelle est faite ici de publier ou annoter aucun ouvrage d'après la théorie de M. Boitard et les idées nouvelles émises dans ce volume; toute infraction à cette défense serait poursuivie, une méthode ou théorie étant une propriété comme l'ont soutenu devant les tribunaux, MM. Raspail et Chapsal qui ont obtenu gain de cause, et la méthode Peigné n'est tombée dans le domaine public que par suite d'une indemnité accordée a l'auteur.

La théorie de Boitard repose sur des idées en partie connues avant lui, mais dont par leur rapprochement et leur combinaison entre elles, comme l'application de l'astronomie (1) à la géologie et a la botanique, le déplacement de la chaleur, celui des continents et des eaux, il a tiré des déductions et des conclusions nouvelles qui ont renversé des théories ou expliqué des faits connus avant lui.

Ces reflexions sont faites pour ceux qui pourraient nous dire que les idées de Boitard se rencontrent en partie éparses ailleurs, et qui, ordinairement, se croient le droit et usent de tous les moyens pour s'emparer des découvertes d'autrui et les exploiter a

(1) On peut voir aussi, page 179, ce que je dis de l'astronomie appliquée à l'histoire.

leur profit, mais auxquels nous répondrons : les vingt-cinq lettres de l'alphabet ne sont pas éparses, et bien qu'elles fussent connues avant Victor Hugo, où est celui qui les a combinées comme lui?

D'ailleurs, si les faits expliqués par Boitard étaient connus avant lui, il fallait en profiter avant que la place fût prise, et les expliquer aussi avant lui.

Voila pour le droit. Quant à la morale, nous renverrons les contrefacteurs et autres à ce qu'a dit Marmontel à propos du plagiat des découvertes importantes, dans le t. XIVe de ses œuvres, in-12, 1819, page 485.

En choisissant des faits analogues et en déguisant la forme pour usurper la théorie de Boitard, la contrefaçon n'en existerait pas moins; la forme n'est rien, le fonds est tout. Pour avoir droit à la récolte d'un champ, il faut avoir droit au fonds par héritage, donation, achat ou concession temporaire.

—

EXTRAIT DU CODE CIVIL

Art. 1382. — Tout fait quelconque de l'homme qui cause à autrui un dommage, oblige celui par la faute duquel il est arrivé a le réparer.

Art. 1383. — Chacun est responsable du dommage qu'il a causé, non-seulement par son fait, mais encore par sa négligence ou son imprudence.

—

Tout le monde sait que par l'article 39 du décret du 5 février 1810, le droit de propriété est garanti à l'auteur.

TABLE DES MATIÈRES

CONTENUES DANS CE VOLUME

Paris. — Imp. de Dubuisson et C, rue Coq-Héron, 5.

RÉPONSE A M. VICTOR MEUNIER

Monsieur,

Vous avez dernièrement inséré, dans un de vos feuilletons, ma lettre à l'Empereur sur la culture, que je suppose possible, de l'or, et, malicieusement, vous vous êtes amusé à plaisanter sur un mot de cette lettre qui prêtait à équivoque ; puis, non satisfait de cette première attaque, vous ajoutez : « C'est » un éditeur de Paris, un successeur des Estienne, » qui, après avoir écrit cette lettre, l'a insérée dans » un livre publié par lui l'année dernière, pages 104 » et 105, en note. »

Je pense, monsieur, qu'il ne me serait pas difficile de trouver dans vos écrits un mot du même genre qui prêterait aussi à équivoque ; mais je trouve que la recherche n'en vaut pas la peine. Je préfère vous dire que vous vous êtes amusé en pure perte à faire de l'esprit, par la raison que je n'ignore pas que je suis de la famille d'Asnières, et que, comme lui, je ne sais pas écrire l'orthographe avec une plume d'auberge.

Tout le monde n'a pas, monsieur, comme certain colonel ***, ami de Boitard, l'avantage d'avoir moisi pendant de longues années sur les bancs d'un collége ; je ne suis, moi, qu'un écolier de campagne auquel on n'a jamais donné dix leçons de grammaire, et qui ne sait guère que ce qu'il a appris tout seul. Mais passons sur ce sujet, et revenons à celui qui motive cette lettre.

Je vois, monsieur, que vous aimez les histoires de successeurs des Estienne, Permettez-moi de vous en raconter une à mon tour, à laquelle se trouve mêlée l'histoire d'un successeur de Buffon. Comme elle a le mérite d'être inédite, peut-être lui trouverez vous quelque charme et réussira-t-elle à vous plaire.

La scene se passe, vers 1840, a l'étage suprême d'une maison d'un faubourg de Paris, le faubourg Saint-Antoine, si ma mémoire ne me trompe; c'est par l'un des héros mêmes, celui que je nommerai le successeur des Estienne, que j'en ai entendu faire le récit. Le voici :

« LE SUCCESSEUR DES ESTIENNE se présentant à la porte d'UN SUCCESSEUR DE BUFFON. — Toc! toc!

LE SUCCESSEUR DE BUFFON. — Qui est là?

« LE SUCCESSEUR DES ESTIENNE.— Ouvrez, jeune homme, c'est la fortune, peut-être!!! »

Le croiriez-vous jamais? Oui, monsieur, c'était bien la fortune que le successeur des Estienne apportait au successeur de Buffon, car il venait lui commander un livre qui devait lui donner une certaine réputation, grâce à laquelle il prenait en peu de temps, dans la littérature, un rang qui devait lui donner cette fortune dont je viens de vous parler.

Quant au successeur des Estienne, il venait, lui, chercher la ruine, car il n'a jamais pu achever la publication de l'ouvrage.

Vous voyez, monsieur, que si les successeurs des Estienne n'écrivent pas toujours selon votre goût, ils sont cependant quelquefois utiles a quelque chose.

Celui de la bouche duquel je tiens cette histoire est un de mes voisins, un vieillard presque aveugle, nommé ***. Est ce que par hasard vous connaîtriez le successeur de Buffon?

Bien que, comparé à un savant comme vous, monsieur, je ne sois qu'un ignorant, veuillez néanmoins vous tenir pour bien assuré que je ne voudrais pas étudier longtemps l'histoire naturelle sans pouvoir vous en donner des leçons. Tenez, commençons dès aujourd'hui; c'est facile, car l'article dans lequel vous m'attaquez vient juste, et fort à propos, m'en fournir le sujet.

Vous dites en terminant votre article sur les *gaillonnelles ferrigènes* :

« Il est entendu que les infusoires du *lake-ore* ne » produisent pas de *fer* et qu'ils fixent *simplement* » autour d'eux le fer dissous dans les eaux. »

Je dois commencer par vous dire que je ne trouve pas la phrase d'une grande richesse, et que je ne vois pas pourquoi le mot *fer* y revient deux fois; mais la réflexion vaut mieux.

Vraiment, monsieur, vous êtes trempé pour en faire de cette force? Qui donc se serait jamais douté qu'une semblable idée eût pu germer dans le cerveau d'un homme qui a la prétention de vouloir railler les autres et leur donner des leçons?

En ce cas, si j'en juge par analogie, les vers à soie ne font pas non plus de soie, mais fixent *simplement* autour d'eux celle qui est en dissolution dans les feuilles du mûrier.

Le blé non plus ne produit pas de farine, mais fixe *simplement* dans son enveloppe celle qui est en dissolution dans la terre.

Vous-même, monsieur, n'écrivez pas de feuilletons, mais ne faites que fixer *simplement* sur le papier ceux qui sont en dissolution dans votre encrier. Demandez plutôt à Alphonse Karr, qui a publié cinq volumes in-8° (*Geneviève, Clotilde et Am Rauchen*) sous ce titre collectif : *Ce qu'il y a dans une bouteille d'encre.*

C'est singulier, mais je pense que si, au lieu de

donner des feuilles de mûrier à des vers à soie on les donnait à des chevaux, ces derniers, au lieu d'en tirer de la soie, n'en tireraient que du fumier. Ce qui me fait supposer que si les premiers en font de la soie, c'est qu'ils sont organisés pour cela.

C'est aussi ce que pensent les Chinois qui disent, non sans raison : « Avec du temps et de la patience, les feuilles du mûrier deviennent de la soie. » Ce qui prouve que, dans leur esprit, les feuilles de mûrier ne sont pas composées de soie en dissolution.

Il me semble aussi que si, au lieu de froment, on semait de la ciguë dans les champs, la terre, au lieu de produire de la farine, c'est-à-dire une nourriture propre à l'homme, produirait un poison qui le tuerait.

Enfin, si l'encre que contient votre encrier était employée par moi, par exemple, au lieu de l'être par vous, elle ne donnerait que des productions sans valeur et qui prêteraient à rire, comme les miennes, au lieu de chefs-d'œuvre comme les vôtres. Vous voyez, monsieur, que l'organisme de l'animal, de la plante ou de l'individu, est pour quelque chose dans ses produits.

Mais l'idée n'est pas même de vous, car vous l'avez puisée dans l'article de M. de Watteville, inséré dans le *Journal de l'Instruction publique*, ce qui me confirme dans la pensée que, la plupart du temps, les savants se copient les uns les autres, sans réfléchir suffisamment sur ce qu'ils écrivent. M. Figuier, qui est fort aussi comme vous, — et auquel un redoublement du mot *fer* est également nécessaire, — en a fait à peu près autant, car voici ce qu'il dit dans on *Année scientifique*, page 263 de la septième année, à propos du même sujet :

« Si on nous demande maintenant d'où provient le *fer* employé par ces merveilleux architectes pour construire leurs retraites, nous répondrons que cette *origine ne doit pas être douteuse*; que le fer existe dans les eaux à l'état de sel soluble, ou bien est emprunté au fur et à mesure par ces eaux aux terrains environnants (1). »

N'admirez-vous pas comme moi, monsieur, cette assurance superbe avec laquelle on veut bien se donner la peine de nous apprendre que l'*origine du fer ne doit pas être douteuse*; puis, cette impossibilité où on se trouve ensuite de *préciser* si c'est de la terre ou des eaux qu'il est tiré? Aussi ne devons-nous pas être surpris qu'on ait bien voulu nous dire dernièrement que chez M. Figuier « le charme du plus agréable conteur s'unit à la *précision du savant*. »

Ce que c'est que d'avoir du jugement et d'avoir écrit *le Savant du foyer*! Quant à moi, je suis, comme M. Figuier, persuadé que le fer en question vient de quelque part, et que, pour vivre dans une contrée, il faut que les animaux y trouvent une nourriture propre à leur existence.

Puisque, comme j'ai eu l'occasion de l'apprendre, vous avez l'avantage de connaître M. Figuier, obligez-moi donc de lui demander, lorsque vous le reverrez, à lui qui critique si bien les autres, comment il s'y prend pour faire concorder ensemble les phrases suivantes dues à sa plume, et comment, en tête de l'un de ses ouvrages, on lit celle qui suit :

(1) Voici maintenant la *phrase type* de M. de Watteville, dans laquelle on a eu soin de ne pas répéter le mot *fer :*
« Rien, en effet, dans le travail de M Sjogereen. ne prouve que l'infusoire en question forme le fer de toute pièce. *Il l'emprunte évidemment soit aux eaux, soit aux terrains.* »

OSCAR DE WATTEVILLE.

Journal général de l'Instruction publique, du 20 août 1862.

« Les continents et les mers *prennent leurs limites definitives,* » et comment, vers la fin du même volume, on lit la suivante :

« Le fond de la mer Baltique, par exemple, s'élève graduellement par suite de dépôts qui combleront en entier son lit, dans un intervalle de temps qu'il ne serait pas impossible de calculer. »

« Il est donc probable que le relief actuel du sol et les limites respectives des continents et des eaux *n'ont rien de definitif,* et qu'ils sont, au contraire, destinés a se modifier dans l'avenir. »

Pourriez-vous encore lui demander, à lui esprit fort, qui ne croit pas aux esprits, comment il se fait qu'il suppose que Dieu créera un jour, à côté de l'homme, un être analogue aux anges?

Qu'est-ce donc que sera cette future créature de Dieu, si ce n'est un esprit? Est-ce que ce sera un être corporifié comme les houris du paradis de Mahomet? Je serais bien curieux d'être tiré d'ignorance à ce sujet. J'espere que, par votre entremise, M. Figuier voudra bien me rendre ce service.

Pourriez-vous lui demander encore comment il se fait que, suivant lui, l'homme n'existait pas en Europe a l'époque du déluge asiatique, et comment il peut se faire que les découvertes de M. Boucher de Perthes faites à Abbeville, prouvent au contraire l'existence de l'homme à cette même époque? Est-ce qu'Abbeville n'est plus en Europe?

Pourriez-vous encore lui demander la raison qui lui fait dire que le *diluvium* dans lequel M. Boucher de Perthes a découvert sa mâchoire fossile est un terrain *anterieur au deluge?* Est-ce que vous aviez connaissance que le *diluvium* fût antédiluvien?

Je serais bien curieux de savoir encore par quel phénomène, ce terrain étant *anterieur au deluge,* en tête de son dernier article sur l'homme fossile, un terrain de la même époque se trouve, quelques pages plus loin, *postérieur à la période diluvienne.*

Est-ce aussi parce que Boitard a, sur sa figure de l'apparition de l'homme, placé une arme dans la main gauche de son homme primitif, qu'il a fallu que son Adam eût aussi un bâton dans la même main ?

Je voudrais bien savoir encore chez quel taillandier son Adam a commandé la serpe avec laquelle il a étêté, pour en faire des têtards, les aulnes qu'il place dans ses domaines, et chez quel coutelier il a commandé les ciseaux avec lesquels Eve lui taillait les cheveux? Est-ce que M. Figuier a retrouvé cette bienheureuse serpe et ces bienheureux ciseaux dans son *diluvium* antédiluvien? Y avait-il aussi des armuriers à la même époque? Et Adam avait-il un fusil pour aller à la chasse aux perdrix? Voilà des choses que M. Figuier a oublié de nous dire, et qui, cependant, eussent été bien intéressantes à connaître.

M. Figuier a découvert et sait tant de choses, qu'on est réellement embarrassé sur le choix des questions qu'on pourrait lui adresser, sans qu'il en pût donner la solution ; en voici toutefois une que je vous prie de lui faire encore de ma part : ce serait de savoir avec quel forêt son feu-jaune-d'œuf central a pu perforer la croûte-coque-écorce du globe terrestre, sans en soulever ni déranger les couches? Et sa terre meuble vomie par les volcans, voilà encore une découverte charmante! De la terre meuble vomie par 195,000 degrés de chaleur, qui est-ce qui se serait douté d'un pareil miracle ? Est-ce que M. Figuier n'aurait pas encore un ou deux petits volcans en réserve dans son musée antédiluvien pour couvrir de terre meuble la Champagne, la Brie et la Beauce Pouilleuses? Quel service M. Figuier ne rendrait-il pas a ces contrees, qui pourraient en échange lui donner leur craie et autres terres de même qualité, pour qu'il les remît à la fonte dans son creuset jaune-d'œuf central.

Il y a encore une chose que je voudrais bien savoir, parce que je n'ai pas l'intelligence de la comprendre: c'est comment il peut se faire que les mots *par toute la terre* ne signifient pas *par toute la terre*. J'espère que, par votre intermédiaire, M. Figuier, qui n'est pas embarrassé pour se tirer d'affaire, voudra bien nous en donner l'explication.

Et les six jours de la création qui, de six fois vingt-quatre heures, se sont subitement et comme par enchantement métamorphosés en six époques d'une incommensurable durée! Voila encore une découverte à laquelle on était loin de s'attendre.

Est-ce que les six jours de la semaine et le dimanche, tels que les a institués Moïse en mémoire de cet événement, vont aussi se métamorphoser en six époques d'une durée incommensurable? Ce serait la une chose qui nous prolongerait singulierement l'existence, pour peu que nous eussions encore quelques années à vivre, surtout si, comme le prétend M. Snider, chaque époque de la Bible était de trente-six mille ans, ce qui porterait la durée de la semaine a deux cent seize mille ans, le dimanche non compris. Que de bénédictions ne devrions-nous pas a M. Figuier, si, par son intermédiaire, nous pouvions obtenir un pareil résultat!

Enfin, revenons-en a ce qui nous regarde personnellement, et permettez-moi de vous demander si c'est pour me remercier d'avoir bien voulu donner gratuitement pour vous, à la personne qui vous en fit la remise, un exemplaire de *Paris avant les hommes*, que vous n'avez trouvé à me faire, au bout d'un an, à propos de cet ouvrage, que le compliment dont je vous ai entretenu au commencement de cette lettre?

Mais puisque les histoires de successeurs des Estienne ont tant de charme pour vous, permettez-moi de vous en raconter une encore; bien qu'elle n'ait trait qu'indirectement à un successeur des Estienne et à un successeur de Buffon, elle ne sera peut-être pas tout à fait dépourvue d'à-propos. La voici :

Arlequin passant un jour devant la loterie avec un de ses amis, alla voir s'il n'y avait rien gagné.

» — Tu y as donc mis? lui dit son ami.

» — Non, je n'y ai pas mis, répondit Arlequin; mais le hasard est si grand que, malgré cela, je pourrais cependant y avoir gagné quelque chose.

Eh bien! oui, monsieur, le hasard est grand, et je suis certain que vous en conviendrez vous-même. La meilleure preuve que je puisse vous en donner, c'est que si je n'eusse connu M. P.-Ch. Joubert au moment de l'impression de *Paris (l'Univers) avant les* [illegible]*s* il est mille fois probable que c'est à vous que je me serais adressé pour en corriger les épreuves, ne pouvant les corriger moi-même, à cause des termes scientifiques qui s'y trouvent, et pour d'autres raisons encore dont je vous ai entretenu au commencement de cette lettre.

Voilà, monsieur, comment les successeurs des Estienne sont remerciés des sentiments de bienveillance qu'ils ont quelquefois pour les successeurs de Buffon.

Bien que j'aie ri le premier de vos plaisanterie lorsqu'elles m'ont été signalées, je ne les ai pas moins considérées comme un mauvais procédé de votre part. Cependant, ce mauvais procédé, je l'avais oublié, et il est probable que je ne vous aurais jamais adressé cette lettre, si je n'avais remarqué que, dans l'un de vos derniers feuilletons, consacré au déluge ou aux déluges, vous avez malintentionnément omis de nommer Boitard, qui cependant, je crois, en valait la peine. Sans doute il n'écrit peut-être pas aussi purement que vous, mais ses idées sont d'une telle hauteur qu'elles écrasent par leur poids celles de ses adversaires, qui, depuis que je me suis un peu occupé d'études géologiques, ont trop souvent le privilége de me faire hausser les épaules de pitié.

Si quelques passages de ma lettre devaient par hasard vous déplaire, vous savez que vous n'auriez à vous en prendre qu'à vous-même, puisqu'on vous a présenté, de ma part, un mot de réponse qui pouvait même être modifié suivant vos observations, et que vous avez refusé de l'accueillir.

Je pourrais vous adresser bien d'autres observations du genre de celles que renferme cette lettre : mais à quoi bon perdre mon temps ? Je n'en vois pas la nécessité, d'ailleurs, pour le cas où ce que je viens d'avoir l'honneur de vous dire ne suffirait pas pour vous satisfaire, il me faut bien une réserve.

Sur ce, monsieur, je suis votre très-humble et très-obéissant serviteur.

PASSARD.

Paris, 1863.

Paris. — Imprimerie de Dubuisson et Ce, rue Coq-Héron,

www.ingramcontent.com/pod-product-compliance
Ingram Content Group UK Ltd.
Pitfield, Milton Keynes, MK11 3LW, UK
UKHW021044200726
13857UKWH00003B/806